生鲜乳
危害因子检测技术

◎王 岩 张贺凤 史海涛 主编

中国农业科学技术出版社

图书在版编目（CIP）数据

生鲜乳危害因子检测技术 / 王岩，张贺凤，史海涛主编. --北京：中国农业科学技术出版社，2022. 7

ISBN 978-7-5116-5808-1

Ⅰ. ①生… Ⅱ. ①王… ②张… ③史… Ⅲ. ①鲜乳－食品检验 Ⅳ. ①TS252.7

中国版本图书馆CIP数据核字（2022）第115000号

责任编辑 李 华
责任校对 李向荣
责任印制 姜义伟 王思文

出 版 者 中国农业科学技术出版社
北京市中关村南大街12号 邮编：100081
电 话 （010）82109708（编辑室） （010）82109702（发行部）
（010）82109709（读者服务部）
网 址 https: // castp.caas.cn
经 销 者 各地新华书店
印 刷 者 北京建宏印刷有限公司
开 本 185 mm × 260 mm 1/16
印 张 11
字 数 228千字
版 次 2022年7月第1版 2022年7月第1次印刷
定 价 78.00元

《生鲜乳危害因子检测技术》

编委会

主　编： 王　岩　张贺凤　史海涛

副主编： 段晓然　项爱丽　张丽芳　侯　蔷　张　亮　闫艳华
王雅静　康俊杰　李　梁　王　帅　庞学良　霍路曼
李　艺　董洁琼　赵瑞玲　苑中策　赵丽丽　张　谊
林　田　王　磊　乔　晗　刘　博　王新娥　郑　玲
李　宁　胡　剑　汤思凝

编　委： 薄会娜　张　芊　葛　凯　宋晓楠　武侠均　裴小亮
阴明杰　延新宇　王雪松　李英韬　周彦成　张建雄
郭宇航　周丽娜　崔亚楠　雷舒涵　王　溪　李明阳
张建永　王　琛　周　璇　张淼怡　谷守国　刘会会
赵国军　高晶晶　李文杰　杨　硕　郑徐建　潘艳慧
刘宇奇　李博阳　侯俊杰　王　琳　梁珊珊　孙铭琦
李英奇　李　林　宋　旺　单睿琪　孟令雷　张书宏
郝立武　张　强　石可歆　李晓明　董李学　张鹤鹏
蒋颖一　杨　晨　张亚丽　张振国　丛倩倩

前言

PREFACE

随着人们物质生活水平的不断提高，生鲜乳安全问题越来越受到人们的关注。全面贯彻中央及中共河北省委奶业振兴部署，建设奶业强省，生鲜乳质量安全是基础。切实提高生鲜乳及乳制品质量安全水平，才能有效解决乳产品消费者信心不振、核心竞争力低的关键问题。开发快速和高通量筛查检测技术，建立关键控制技术措施，可从根本上消除生鲜乳质量安全风险隐患，提高生鲜乳质量安全水平，提升乳制品核心竞争力，保障公众的健康饮食安全。

本书在获得2021年天津市教育科学规划（重点）课题“校企深度融合的路径创新研究（BIE210023）”支持的基础上着重介绍前沿性的最新生鲜乳检验检测技术，力图启发、开阔读者的研究思路；注重新技术、新方法的科学应用，致力引发及加强读者在本领域的研究兴趣；同时注重系统性、可读性。编者在丰富的研究资料及科研经验与科研成果的基础上，将本领域的实践和研究发展进行科学结合，力求内容深入浅出，使读者容易理解与掌握，以满足广大读者对本领域进行系统学习与研究的需求。希望读者能对该学科有一个清晰的系统把握，读有所值。

主　编

2022年3月

目 录
CONTENTS

1 绪 论

1.1 生鲜乳简介

生鲜乳即生乳，就是生产纯牛奶、奶粉、酸奶等乳制品的原料。乳是哺乳动物产仔之后由乳腺分泌的一种具有胶体特性、均匀的生物学液体，其色泽呈白色或略带黄色，不透明、味微甜，并具有特殊香气。由于乳中含有幼小动物生长发育所必需的全部营养成分，所以它是哺乳动物出生后赖以生长发育的最易于消化吸收的完全食物。乳的形成，一部分成分来自乳腺细胞合成，如乳糖、部分蛋白质和酶类等；另一部分成分来自血液，从血液中过滤营养成分，如盐、脂肪酸（部分$<C_{16}$的脂肪酸）等。

1.1.1 生鲜乳的物理性质

乳是多种物质组成的混合物，乳中的各种物质相互组成分散体系。在分散体系中乳脂肪、酪蛋白酸、钙-磷酸钙复合体胶粒呈悬浮相，溶于水的无机盐、乳糖、水溶性维生素、乳清蛋白的溶液构成液相。乳中的乳蛋白和乳球蛋白呈大分子以水化的形式分散于乳中，形成典型的高分子胶体溶液。乳中含有的气体部分以分子态溶于乳中，在搅拌过程中呈现泡沫状态。乳中复杂体系在正常情况下是稳定的，但经机械搅拌，酸、碱、酶、盐类、热处理等都可破坏其稳定性。

新鲜乳呈白色或稍带微黄色，是因酪蛋白胶束和脂肪球对可见光的散射所致，均质使颗粒更小、均一，增强了光的散射，可使乳更白。乳与乳制品的颜色还与脂溶性色素有关。乳清呈绿色是因乳清中含有核黄素，特别是胡萝卜素，由于牛体自身不能合成，需要依靠饲料获得。因此饲喂青草的牛所产的乳，其生乳中所含的脂肪比饲喂干草和精料者所产的乳颜色要黄。乳的品质可通过乳的光学特性进行检验，当光线（可见光380～760nm、红外区760nm至1mm和紫外区5～380nm）照射在乳上时，会发生光线的折射、散射、吸收、反射及激发产生荧光等光学现象。

乳中含有挥发性脂肪酸、乳糖、钙离子、镁离子、含氯离子基团、柠檬酸、磷酸等风味物质，所以具有一定气味。新鲜乳稍带甜味并有特殊香味，乳糖带来甜味，脂肪酸带来乳香味，含氯物带来咸味，钙、镁离子带来苦涩味，柠檬酸和磷酸带来的酸味因受乳中主要成分的掩蔽不易察觉。温度也会影响气味，温度高则香味强烈，冷却会降低香味。乳有较强的吸附性，环境中的气味对乳的滋味、气味也有影响。

乳的密度是指在20℃时单位体积乳的质量与4℃时同体积水的质量比。正常牛乳的密度为1.030 8g/cm^3。乳的相对密度指在15℃时乳的质量与15℃时水的质量之比。正常牛乳的相对密度为1.032，变动范围为1.028～1.045。乳稠计有两种规格，即20℃/4℃的密度乳稠计和15℃/15℃的相对密度乳稠计。密度与相对密度测定时，由于设定的测定标准温度不同，两者之差为0.002，即乳的密度较相对密度小0.002。测定乳样时，在10～25℃范围内均可测定。温度对密度测定值影响较大，每升高1℃，则乳稠计的刻度值降低0.2刻度，每下降1℃，则乳稠计的刻度值升高0.2刻度。可按式（1-1）来校正因温度差异造成的测定误差。

$$\text{乳的相对密度}=1+\frac{\text{乳稠计刻度读数}+(\text{乳样温度}-\text{标准温度})\times 0.2}{1\ 000} \quad (1\text{-}1)$$

在25℃下，乳的pH值通常为6.6～6.8。因磷酸钙溶解性大小和稳定性与温度有关，所以温度会影响乳的pH值。不同泌乳期，其pH值是不同的，初乳的pH值可低至6.0，乳腺炎乳的pH值可升高到7.5。因乳中含有共轭酸碱，因而使乳具有缓冲能力。影响乳酸碱度的因素主要包括如下方面。

（1）加工处理对乳的酸碱度的影响。生鲜乳在加工处理过程中酸碱平衡受到破坏，酸碱度会发生改变。

（2）微生物对乳的酸碱度的影响。乳中微生物在人为接入或污染情况下，可分解利用乳中各种营养物质产酸或产碱，因而使其pH值发生改变。

（3）乳中的酶（蛋白酶、脂肪酶、乳糖酶、磷酸酶等）在适宜条件下对相应乳成分进行酶解，产生酸性或碱性物质而改变乳的酸碱度。

1.1.2 生鲜乳的化学成分

乳是多种成分的混合物，主要成分是水、乳糖、乳脂肪、蛋白质和矿物质，微量成分是维生素、酶类、磷脂、色素以及气体。乳中除去水和气体之外，剩余的物质称为干物质（DS）或乳的总固形物。干物质中除去脂肪的部分，为非脂乳固体，其成分受奶牛品种、遗传、饲料、饲养条件、季节、泌乳期以及奶牛年龄和健康条件等因素的影响。不同品种牛乳的组成见表1-1。

表1-1 不同牛乳的组成

品种	水分（%）	脂肪（%）	蛋白质（%）	乳糖（%）	矿物质（%）
荷兰牛	87.72	3.41	3.32	4.87	0.68
短角牛	87.43	3.63	3.32	4.89	0.73
瑞士褐牛	86.87	3.65	3.48	5.08	0.82
埃西安牛	86.97	4.03	3.51	4.81	0.68
娟珊牛	85.45	5.05	3.78	5.00	0.70
嵩娟牛	84.35	5.05	3.90	4.96	0.74

水是乳的主要成分之一，含量占85.5%～89.5%，平均值为87.5%，乳中部分有机物和无机盐呈溶解状态存在水中。由于有分散介质水的存在，使乳中各种成分得以构成均匀而稳定的流体。乳中水分可以分为游离水、结合水和结晶水3类。

乳中脂肪平均含量为3.8%。乳脂肪易于消化，吸收快，可提供高能量。它是脂溶性维生素的贮存场所，其必需脂肪酸的含量高，对人类许多消化系统疾病（特别是伴随有脂肪吸收障碍）有很好的治疗作用。乳脂肪赋予乳制品丰润圆熟、柔润滑腻的组织状态和风味，是其他脂肪所不能替代的，因此乳脂肪的经济价值远远高于其他乳成分的经济价值。

乳中蛋白质的含量为3.3%～3.5%，平均为3.4%。乳蛋白质不是单一的蛋白质（表1-2），它是由约20种氨基酸组成的多种蛋白质的复杂物质，按蛋白质的化学或物理性质可以将它们分为酪蛋白、乳清蛋白、乳球蛋白（包括脂肪球膜蛋白）。乳中蛋白质是典型的全价蛋白质。乳中蛋白质的形成主要经两个途径，一个途径是由血清蛋白转移而来，乳中5%～10%的乳蛋白质来自血液，一种是血清蛋白，存在于乳清中，与血液中的血清蛋白完全相同；另一种是免疫球蛋白，初乳中的免疫球蛋白大部分来自血液，包含IgG、IgM和IgA 3种成分，分别占免疫球蛋白总量的85%～90%、10%和5%左右；另一途径是由乳腺上皮细胞从血清中吸收的氨基酸和葡萄糖转化的氨基酸合成而来，90%以上的乳蛋白是在乳腺中利用氨基酸合成的，其合成过程与其他组织合成蛋白质的过程相同。合成蛋白质的必需氨基酸全部来自血液，部分非必需氨基酸可在乳腺中利用葡萄糖、乙酸、必需氨基酸来合成。其中，精氨酸和鸟氨酸是乳腺合成其他氨基酸最主要的氮源。

表1-2 乳蛋白质分类

种类	新分类法	含磷蛋白（%）	占脱脂乳中蛋白质含量（%）	pI（等电点）
酪蛋白（78.5%）	α_8-酪蛋白	0.1	45～55	4.1
	β-酪蛋白	0.6	25～35	4.5
	κ-酪蛋白	—	8～15	4.1
	γ-酪蛋白	0.11	3～7	5.8～6.0
乳清蛋白（16.5%）	α-乳白蛋白	—	2～5	4.2～4.5
	血清白蛋白	—	0.7～1.3	4.7
	β-乳球蛋白	—	7～2	5.3
乳球蛋白（免疫球蛋白）	IgG_1	—	1～2	5.5～6.8
	IgG_2	—	0.2～0.5	7.5～8.3
	IgM	—	0.1～0.2	—
	IgA	—	0.05～0.1	—
	蛋白胨	—	2～6	3.3～3.7

乳糖只存在于哺乳动物乳汁中，在牛乳中含量为4.5%～5.0%。乳糖是由β-1，4糖苷键将1分子D-葡萄糖和1分子D-半乳糖合成的双糖，分子式为$C_{12}H_{22}O_{11}$，摩尔质量为342.3g。乳糖有α-乳糖和β-乳糖两种构型。α-乳糖的右旋性大，溶解度低，很容易结合1分子结晶水；β-乳糖的右旋性小，溶解度稍高，甜味亦较高。牛奶的甜味即来自乳糖，其甜度约为蔗糖的1/5。

除上述生鲜乳成分外，有时乳中还会含有抗生素、农药、杀虫剂等成分，这是由于奶牛使用过这些化学药物后转移到乳中所致。例如，治疗奶牛乳腺炎时使用抗生素后会有药物残留转移到乳中；对牧草及饲料作物施用农药时，农药也会随饲料进入奶牛体内从而转移到乳中；饮水中混入的农药、重金属等也会通过代谢进入乳中。

1.2 生鲜乳危害因子

1.2.1 违法添加物

通过研究分析2018年以来农业农村部生鲜乳质量安全监测计划中生鲜乳监测项目发现，目前常检的违法添加物质主要为三聚氰胺、革皮水解物、碱类物质、硫氰酸钠和β-内酰胺酶。

三聚氰胺是一种以尿素为原料生产的氮杂环有机化合物，对哺乳动物而言属于低毒急性毒类。长期摄入三聚氰胺会造成生殖、泌尿系统的损害，出现膀胱、肾部结石，并可进一步诱发膀胱癌。革皮水解物的添加会影响生鲜乳的口感，改变乳中氨基酸的组成，人摄入后会导致不易消化，吸收利用率降低，且易造成重金属中毒。β-内酰胺酶的添加主要是为了掩盖生鲜乳中的抗生素，但其存在会导致相关的青霉素、头孢菌素等抗生素类药物的细菌耐药性增高，从而使喝牛乳的人抵抗细菌传染病的能力大大降低。硫氰酸钠的毒性主要由其在体内释放的氰根离子而引起，氰根离子有苦杏仁味，在体内能很快与细胞色素氧化酶中的三价铁离子结合，抑制该酶活性，使组织不能利用氧，对人体造成极大的伤害。生鲜乳中添加碱类物质将会破坏乳中某些维生素，长时间饮用含有碱类物质的乳制品，会出现头晕、呕吐等症状，食用过量会导致昏迷、休克甚至癌变。

1.2.2 农药残留

农药是指在农业生产中用于防治农作物病虫害、消除杂草、促进或控制植物生长的各种药剂的统称。农药不仅每年为人类在同作物病虫草等有害生物的斗争中挽回粮食和其他农产品损失，同时也缓解了人类因人口迅速增长而产生的粮食供应数量不足的压力，改善了人们生活的质量。但是，伴随着化学农药应用的历史，不可避免地产生了农药残留问题，从而造成了食品安全和生态安全问题，不仅影响着人类的身体健康，也影响着生态平衡和生物多样性，而且已成为国际农产品贸易中的主要质量控制指标，受到世界各国政府和民众的普遍关注。

农药残留是指由于农药的应用而残存于生物体、农产品和环境中的农药原型体及其具有毒理学意义的杂质、代谢转化产物和反应物等所有衍生物的总称。这里所指的农药杂质包括无效异构体和农药合成过程中产生的有害产物，如有机氯杀虫剂六六六和滴滴涕的异构体，2, 4, 5-涕的杂质四氯代二苯并二噁英（TCDD）；降解、代谢产物如对硫磷的氧化产物对氧磷，代森类杀菌剂的降解产物1, 2-亚乙基硫脲（乙撑硫脲）等。凡具有毒理学意义的这些农药杂质和降解产物不仅包含在农药残留的定义中，同样也包含在农药残留分析和管理的范畴中。

当农药直接应用于农作物、畜禽或环境介质（包括水、空气、土壤等）时，或者间接通过挥发、漂移、降雨径流、食物或饲料等方式暴露于上述受体时，就产生了农药残留。过高的农药残留量一般是由于使用化学性质稳定、不易分解的农药品种，或者是不合理地过量使用农药与不遵守停药期规定造成的。当用含有农药残留的饲料饲喂家畜，就出现农药残留向家畜的转移和蓄积。在农药施用结束或暴露（包括转移）停止时发生的农药残留程度称为初始残留量。初始残留量的大小取决于农药施用或暴露量的大小，在此之后任一时间点的农药残留量则取决于初始残留量的降解速率。降解速率主要受农药的性质、受体的性质及环境因素三方面的影响。

因食物中的过量农药残留引起急性中毒的现象一般是高毒农药违规施用造成的，如有机磷杀虫剂甲胺磷、对硫磷、氧化乐果、氨基甲酸酯杀虫剂、涕灭威、克百威等。世界上大部分国家和地区对这类高毒农药已陆续做出停止或限制使用的规定。除了高毒农药外，构成农药残留危害的农药还包括化学性质稳定、难以被微生物降解、脂溶性强、容易在生物体内富集的农药，如滴滴涕、六六六、2, 4, 5-涕、三环锡、代森类杀菌剂等。

为了防止食品中的农药残留危害人体健康，人们在农药残留的安全性评价基础上，制定了每种农药在每种农产品中的最大残留限量。最大残留限量是指农畜产品中农药残留的法定最大允许量。随着科学技术的发展和社会进步，消费者对食品质量和安全性的意识越来越强，各国政府管理部门对农药的最大残留限量指标也在不断地修改和降低，要求越趋严格，这就对农药残留分析提出了更高的技术要求和更迫切的社会需要。

1.2.3　兽药残留

兽药是指用于预防、治疗、诊断动物疾病或者有目的地调节动物生理机能的物质（含饲料药物添加剂）。随着各类抗生素和其他药物的不断发现与合成，饲料药物添加剂的广泛使用，在预防和治疗动物疾病的同时，不可避免地在畜产品中带来兽药残留。兽药残留是指食品动物用药后，动物性产品的任何可食用部分中与所有药物有关的物质的残留，包括原型药物或/和其代谢产物。可食用部分通常指动物的肉、蛋、奶、脂肪等。

引起兽药残留的原因很多，但主要由滥用药物、超剂量使用药物、不遵守休药期制度以及非法使用违禁药物与化合物等因素造成。广义上的兽药残留，除了使用兽药或饲料药物添加剂引起外，也可通过动物接触环境中的污染物，如有毒害作用的有机化合物以及被农药污染的饲草料等引起。目前，我国的规模化养殖业水平仍然不高，特别是粗放型的家庭式饲养模式，养殖业的从业人员绝大多数是农牧民，由于其专业技术知识不足，滥用、误用兽药的现象经常出现，致使兽药和药物添加剂的使用量增大，兽药残留的可能性也增大。

兽药残留不仅对消费者健康造成直接危害，而且对养殖业、食品加工业和食品贸易也造成很大威胁，并对环境有潜在性危害，最终影响人类的生存安全。

1.2.4 重金属

重金属是指密度大于4.5g/cm^{3}的金属，约有45种，如铅、铜、锌、铁、铬、钴、镍、锰、镉、汞、钨、钼、金、银等。尽管锰、铜、锌等重金属是生命活动所需要的微量元素，但是大部分重金属如汞、铅、镉等并非生命活动所必需，而且所有重金属超过一定浓度时都对人体有毒。重金属与血液中的血卟啉结合，会损伤肝脏，导致肝硬化、肝癌等，体内铜过量会使肝小叶发生中心性坏死，导致肝内胆汁淤积症，重金属中毒后，血液黏度增大，含氧量低，严重时会导致发闷、休克等症状；铜离子进入体内后主要在肝脏中累积，一旦超过肝脏的处理能力，铜离子即进入血液，过量的Cu^{2+}与-SH结合在红细胞中大量积集，形成的变性血红蛋白大量进入血液，最终导致溶血和贫血；重金属进入人体，会与体内的某些酶结合，抑制人体必需的蛋白质的合成，影响人的正常生理活动，有机汞在体内累积，可以导致骨质疏松，严重时，使人致残。此外，汞与生物体内某些蛋白结合后可由半抗原成为抗原，引起变态反应。

1.2.5 病原微生物

生鲜乳中主要的病原微生物包括大肠杆菌、金黄色葡萄球菌、沙门菌、志贺氏菌、霉菌、痢疾杆菌、真菌毒素等。当误食了含有此类污染物的乳制品后，会引起传染性疾病。当经常饮用被黄曲霉毒素污染的乳制品时，可引发肝癌。

1.3 国内外乳及乳制品检测项目法规对比

1.3.1 我国乳及乳制品法律法规和相关标准现状

受2008年“三聚氰胺”事件影响，我国乳制品行业面临巨大的信任危机，部分国民不再相信国产乳及乳制品，转而选择进口产品。我国政府采取了一系列措施加强行业整顿和监管，如2009年6月1日颁布了《食品安全法》，对“三聚氰胺”事件暴露出的多项问题进行了修订，并于2015年新修订成为史上最严的食品安全法。此后，国家相关部门为规范我国乳品及乳制品行业，制定了相应的标准和规范，严格监管乳及乳制品的生产经营等，重塑消费者对国产乳及乳制品的信心，促进我国乳品行业持续健康发展。2018年3月，我国针对食品监管部门多、责任划分不清等问题进行了机构调整，改革市场监管体系，实行统一的市场监管，组建了国家市场监督管理总局，全面负责食品的生产、流通、消费等环节的监管工作，为食品安全提供了强有力的行政支撑。此外，我国出台了一系列法律法规和相关标准，为乳制品质量安全提供了制度保障。

乳及乳制品相关的法律法规、标准体系较为复杂，包括法律、行政法规、部门规章、国务院规范性文件、国家标准等。相关的法律有《中华人民共和国食品安全法》（2015）、《中华人民共和国产品质量法》（2000）、《中华人民共和国动物防疫法》（2007）；规范主要包括《食品安全国家标准　食品生产通用卫生规范》（GB 14881—2013）、《食品安全国家标准　乳制品良好生产规范》（GB 12693—2010）、《食品安全国家标准　粉状婴幼儿配方食品良好生产规范》（GB 23790—2010）、《食品安全国家标准　特殊医学用途配方食品良好生产规范》（GB 29923—2013）；管理办法有《食品生产许可管理办法》（2015）、《食品经营许可管理办法》（2015）、《食品召回管理办法》（2015）、《婴幼儿配方乳粉产品配方注册管理办法》（2016）。此外，标准是监管的重要依据，乳制品相关的标准种类多，涉及产品的各个方面，可分为产品标准、限量标准、检测标准、卫生安全标准、标签标准、生产管理标准等。2010年公布了《食品安全国家标准　生乳》（GB 19301—2010）等66项安全国家标准，包括乳品产品标准15项、生产规范2项、检验方法标准49项（49项检验方法中的39项理化检测方法，主要是针对乳品中的污染物、农兽药残留、营养成分及一些禁止添加或限量添加的指标进行检测；10项微生物检验方法是对微生物的一般要求、指示菌和致病菌等指标进行检测）。

在加强国内乳制品安全法规与标准建立的同时，鉴于进口贸易增长迅速，为确保进口乳制品品质安全、规范进口乳制品管理，我国自2018年1月1日起正式开始实施婴幼儿配方奶粉注册制度。其中，进口乳品应当符合包括《食品安全国家标准　预包装食品标签通则》（GB 7718—2011）、《食品安全国家标准　预包装特殊膳食用食品标签》（GB 13432—2013）及《食品安全国家标准　食品添加剂使用标准》（GB 2760—2014）等7项通用标准，生乳、巴氏杀菌乳、灭菌乳等14项产品标准。另外，对进口乳品实行召回制度，一旦发现质量安全问题，立即召回并提供检验检疫报告，不合格产品就地销毁。但近年来，我国乳制品国际贸易一直处于逆差，因国内外乳制品法规和标准差异，更加剧了进口量远多于出口。因此，为促进我国乳制品国际贸易，亟须开展与主要贸易国家（地区）的乳制品检测指标标准及检测方法的差异性分析。

1.3.2　我国乳及乳制品标准中主要指标与主要贸易国的差异分析

我国乳及乳制品的主要贸易国有新西兰、澳大利亚、欧盟、美国和日本等。不同国家的标准又各有不同，差异性主要体现在污染物指标、兽药残留指标、微生物指标等方面。

1.3.2.1 污染物指标

乳及乳制品中污染物指标主要包括铅、砷、汞、铜和镉等重金属以及亚硝酸盐、硝酸盐和黄曲霉毒素等非金属指标。《食品安全国家标准 食品中污染物限量》（GB 2762—2017）中规定，食品中的污染物是指食品在从生产（包括农作物种植、动物饲养和兽医用药）、加工、包装、贮存、运输、销售，直至食用等过程中产生的或由环境污染带入的、非有意加入的化学性危害物质。由于针对农兽药残留、生物毒素和放射性物质另行制定了标准，所以这里的污染物是指除农/兽药残留、生物毒素和放射性物质以外的污染物。

对于重金属指标，美国、日本法规与标准中未对乳及乳制品中的限量进行限定，表1-3比较了中国、澳大利亚、新西兰和欧盟的乳及乳制品中铅、汞、砷等重金属的限量，可以看出，我国乳制品中重金属指标比新西兰、澳大利亚、欧盟多，我国乳制品规定了铅、汞、砷、锡等限量要求，澳大利亚、新西兰乳制品只规定了铅的限量要求，欧盟乳制品只规定了铅和锡的限量要求。对于重金属铅的规定，澳大利亚、新西兰、欧盟等国比我国严格，如澳大利亚、新西兰规定婴幼儿配方奶粉中铅的最高残留量为0.02mg/kg，欧盟国家未加工的牛奶、热处理的牛奶和以牛奶为原料加工的奶制品中铅的最高残留量为0.02mg/kg，婴儿用液态乳和婴幼儿用奶粉中铅的残留量分别不得超过0.01mg/kg和0.05mg/kg。而我国对铅的含量要求则相对宽松，规定婴儿配方食品（以粉状计）铅的残留量不得超过0.15mg/kg，乳粉及非脱盐乳清粉不得超过0.5mg/kg，生乳、巴氏杀菌乳、灭菌乳、发酵乳及调制乳不得超过0.05mg/kg，其他乳及乳制品不得超过0.3mg/kg。但对于砷和汞等重金属，我国的规定就比较严格，汞的最高残留量为0.01mg/kg，生乳、巴氏杀菌乳、灭菌乳、发酵乳、调制乳砷最高残留量为0.1mg/kg，乳粉中为0.5mg/kg。综合各重金属指标的差异，可以发现我国乳制品与澳大利亚、新西兰和欧盟相比，对于重金属含量除了铅含量的要求相对来说比较宽松外，其他指标各有侧重。

表1-3 我国与澳大利亚、新西兰及欧盟乳及乳制品重金属最大残留限量比较

指标	中国	澳大利亚、新西兰	欧盟
铅限量（mg/kg）	0.05（生乳、巴氏杀菌乳、灭菌乳、发酵乳及调制乳）；0.5（乳粉及非脱盐乳清粉）；0.3（其他乳及乳制品）；0.15［婴儿配方食品（以粉状计）］	0.02（婴幼儿配方食品）	0.02（未加工的牛奶、热处理的牛奶和以牛奶为原料加工的奶制品）；0.01（婴儿用液态乳）；0.05（婴幼儿用奶粉）
汞限量（mg/kg）	0.01（生乳、巴氏杀菌乳、灭菌乳、发酵乳及调制乳）	—	

（续表）

指标	中国	澳大利亚、新西兰	欧盟
砷限量（mg/kg）	0.1（生乳、巴氏杀菌乳、灭菌乳、发酵乳及调制乳）；0.5（乳粉）	—	
镉限量（mg/kg）	—	—	—
锡限量（mg/kg）	50（婴幼儿配方食品）	—	50（罐装婴幼儿配方食品（包括婴儿奶粉和幼儿奶），不包括干制或干粉产品）

注：“—”标准中未要求。

对于亚硝酸盐、硝酸盐和黄曲霉毒素M1等一些非金属指标，澳大利亚、新西兰和欧盟的要求要比我国严格得多。比如我国规定婴幼儿配方食品硝酸盐和亚硝酸盐含量分别不得超过100mg/kg和2.0mg/kg，生乳和乳制品中亚硝酸盐含量分别不得超过0.4mg/kg和2.0mg/kg，黄曲霉毒素M1含量不得超过0.5μg/kg。而欧盟不仅规定了乳及乳制品中黄曲霉毒素M1含量不得超过0.05μg/kg，同时也对我国并未规定的二噁英和多氯联苯污染物做了规定。而澳大利亚和新西兰同样也对我国未规定的丙烯腈和聚乙烯氮联苯类污染物做了要求。相比较而言，我国还需要努力提高检测要求，结合其他国家限量要求及检测方法，对我国乳制品的检测指标进行及时更新。

1.3.2.2　兽药残留指标

2002年，农业部根据《兽药管理条例》组织修订了《动物性食品中兽药最高残留限量》（农业部2002年235号公告），公告包含了禁止用于所有食品动物的兽药等4个附录。该公告部分内容已经于2020年4月1日起被农业农村部与国家卫生健康委员会、国家市场监督管理总局于2019年联合发布的《食品安全国家标准 食品中兽药最大残留限量》（GB 31650—2019）代替。GB 31650—2019对已批准使用的267种兽药进行梳理并按类别做出相应规定。该标准规定了氯丙嗪等8种可用于产奶动物但不得在乳制品中检出残留的兽药；规定了阿维菌素、环丙氨嗪等18种（类）泌乳动物或者特定种类的泌乳动物禁止使用的药物。2019年农业农村部发布了中华人民共和国农业农村部公告第250号，替代原农业部公告第193号、235号、560号等文件中的相关内容，规定了酒石酸锑钾，β-兴奋剂类及其盐、酯等21种（类）食品动物中禁止使用的药品及其他化合物。

新西兰乳及乳制品质量在世界上位于前列，其标准规定也相当严格。新西兰第一产业部发布的《农用化合物最大残留限量》中规定了动/植物产品使用的农药和兽药在所有进口和国内食品中的最大残留量标准，涉及乳品的化合物共计36种，而氯氨吡啶酸、溴敌隆等13种兽药规定为不得检出。与我国相比，规定的不得检出及禁用兽药种类差异巨大，只有氯霉素是共同规定禁用的。地美硝唑、林丹等在我国乳制品中规定为不得检出或禁用的兽药，而新西兰没有对其在乳制品中进行限量规定，只在猪肉、脂质（除乳品脂质）中进行了限量规定。对于地西泮、多西环素和氟氯苯氰菊酯这些我国规定的禁止给泌乳羊或牛使用的兽药，新西兰并没有禁用，但对它们做了限量规定，在乳及乳制品中的最大残留限量（MRLs）分别为0.100mg/kg、0.015mg/kg、0.030mg/kg。氟胺氰菊酯在新西兰乳品中规定不得检出，然而我国并没有对乳品中的氟胺氰菊酯进行限量规定。

美国食品药品管理局负责制定兽药残留限量标准，在美国联邦法案（CFR）第21篇“食品与药品”第556章“食品中新型兽药残留容许量”附录B中，对特定新兽药的残留容许量进行了规定。美国政府每年至少补充、重新核对修订CFR，目前该附录共规定了108种兽药在食品中的残留容许量。此外美国联邦法案（CFR）第21篇第530部分第41章明确规定了氯霉素、磺胺类药物、头孢菌素等13种供食用动物禁用药物，其中，磺胺二甲嘧啶、磺胺溴嘧啶和磺胺乙氧基哒嗪等批准使用的磺胺类药物不受限制，禁用头孢菌素类不包括头孢氨苄。美国联邦法案规定了红霉素、青霉素和磺胺乙氧基哒嗪3种兽药在乳及乳制品中不得检出；而我国的规定就比较宽松，上述3种兽药在我国乳及乳制品中的MRLs分别为40μg/kg、4μg/kg、100μg/kg。美国规定禁用的地美硝唑、保泰松、呋喃西林、异丙硝唑、氟喹诺酮类、其他硝基咪唑类、糖肽类抗生素、头孢菌素类、磺胺类药物，其中只有地美硝唑在我国也规定为在食物中不得检出，对于磺胺类药物和头孢菌素类药物我国制定了相应残留限量要求，其他的6种药物并没有做出限量要求。我国规定了安普霉素、癸氧喹酯、氟苯尼考、玉米赤霉醇、去甲雄三烯醇酮等兽药禁止用于产奶动物，而美国并未对这些药物在乳及乳制品中做出明确规定。

日本是世界上兽药及兽药残留管理系统最完备、监管措施最严格的国家之一。2003年，日本卫生劳动福利部修订了《食品卫生法》并在农业化学品残留管理引入“肯定列表制度”，并于2006年正式实施，其规定了一些食品中农业化学品的MRLs。截至2017年12月，“肯定列表制度”涉及头孢氨苄、杆菌肽、阿莫西林等243种兽药，乳、动物、家禽、水生动物、蜂产品五大类食品，牛、猪、绵羊、马、山羊等16种动物，肉、脂肪、肝、肾、奶、蛋、可食内脏、蜂蜜8种靶组织和3 705个限量指标。对于乳及乳制品，该列表规定了群勃龙醋酸酯（包括α-群勃龙和β-群勃龙）为不得检出。而对没有明确规定MRLs的农业化学品实行“一律标准”，即限量统一规定为0.01mg/kg。日本明确规定的禁止在食品中检出的20种兽药，氯霉素、孔雀石绿、洛硝哒唑、地美硝唑等10种是我国同样不得检出的兽药，而2, 4, 5-涕、敌菌丹、苯胺灵、丁酰肼等另外8种在我国乳及乳制品中并未明确做出相关限量要求，其余2种（甲硝唑和氯丙嗪）在我国规定为禁止在产乳动物中使用。我国也有赛拉嗪和安眠酮等禁止在乳及乳制品中使用或不得检出的兽药在日本并未做出相关的规定，总体来说日本的规定要更为严格。

2009年12月22日，欧盟委员会发布的《食品中药物活性物质MRLs》（EU）No 37/2010条例中规定了动物源食品中允许和禁止使用的药理学活性物质的MRLs及其分类。该实施条例包括两个附表（“允许使用的药物列表”和“禁用药物列表”），欧盟委员会根据毒理学试验和科学评估的结果不定期对这些物质发布相关的增补及更新公告。截至2014年10月，该条例一共规定了9种禁用物质和34种禁止在供人食用的产乳动物使用的兽药。其中，氯霉素、甲硝唑和氯丙嗪等16种兽药规定中国与欧盟相同，都规定禁止在产乳动物中使用或者不得检出，其他27种我国的规定要求则低于欧盟。如欧盟规定氟氯苯菊酯、伊维菌素在产乳动物中禁止使用或者不得检出，而我国规定伊维菌素MRLs为10μg/kg，氟氯苯菊酯在我国允许使用并且没有制定残留限量。

1.3.2.3 微生物指标

乳制品富含蛋白质、脂肪等营养物质，pH值偏中性，是一种天然的微生物培养基，且乳制品在加工、生产、运输和储藏过程中都可能会受到微生物的污染，因此微生物污染也是乳制品安全防控的重点，世界各国均根据自身国情和安全卫生需求对乳制品的微生物指标做了规定。

国内外开展乳品微生物检验的要求不同，所涉及的微生物检测指标也不尽相同，我国开展的乳品微生物检测项目主要有菌落总数和大肠菌群、致病菌、酵母和霉菌总数。我国2010年发布的乳粉、发酵乳、灭菌乳、生乳等乳制品标准均对微生物指标进行了规定，如《食品安全国家标准　乳粉》（GB 19644—2010）规定了菌落总数、大肠菌群、金黄色葡萄球菌、沙门菌等微生物指标；《食品安全国家标准　发酵乳》（GB 19302—2010）规定了大肠杆菌、金黄色葡萄球菌、沙门菌等微生物指标；《食品安全国家标准　生乳》（GB 19301—2010）规定微生物指标菌落总数限量为2×10^6CFU/g，取消了“致病菌不得检出”的规定；《食品安全国家标准　巴氏杀菌乳》（GB 19645—2010）和《食品安全国家标准　调制乳》（GB 25191—2010）的大肠菌群指标为菌落计数允许5个样品中有2个样品在1～5CFU/g，菌落总数允许5个样品中2个样品在（5～10）$\times 10^4$ CFU/g范围；《食品安全国家标准　灭菌乳》（GB 25190—2010）修订为应符合商业无菌要求，更为符合灭菌的定义；《食品安全国家标准　婴儿配方食品》（GB 10765—2010）较旧标准《婴儿配方乳粉I》（GB 10765—1997）及《婴儿配方乳粉Ⅱ、Ⅲ》（GB 10766—1997）更为严格，菌落总数由原来的3×10^4CFU/g降低为1×10^3CFU/g，仅允许5个样品中2个在（1～10）$\times 10^3$ CFU/g。

相比于我国，在新西兰、澳大利亚、荷兰、加拿大等一些发达国家，乳粉微生物检测指标除30℃需氧微生物外，还要检测其他如类大肠菌群、大肠埃希氏菌等5项以上的致病菌。以乳品贸易最大生产国之一的新西兰为例，微生物检测项目包括30℃需氧微生物、类大肠菌群、大肠埃希氏菌、霉菌和酵母、单核细胞增生李斯特菌、凝固酶阳性葡萄球菌、沙门菌、弯曲杆菌、蜡样芽孢杆菌、产气荚膜梭菌和乳酸菌。因此单从乳品微生物检测项目来看，我国对乳制品的监控比较宽松。

生乳作为乳及乳制品原料，其卫生安全尤为重要，是乳品质量安全的基础。菌落总数是反映牧场卫生状况、奶牛的健康状况和冷链运输质量控制的直观指标，是评价乳及乳制品新鲜程度、污染程度及卫生情况最常用的指标之一。表1-4为国内外生乳菌落总数等微生物指标限量值比较。

表1-4　国内外生乳理化指标限量值

国家	菌落总数（CFU/mL）	蛋白质含量（g/100g）	体细胞数（个/mL）
中国	$\leqslant 2\times10^6$	$\geqslant$2.8	—
欧盟	生牛乳：$\leqslant 1\times10^5$ 其他动物的生乳：$\leqslant 1.5\times10^6$	$\geqslant$2.9	$\leqslant 4\times10^5$
美国	$\leqslant 5\times10^5$	$\geqslant$2.0	生牛乳：$\leqslant 7.5\times10^5$ 山羊乳：$\leqslant 1.5\times10^6$
澳大利亚、新西兰	$\leqslant 2.5\times10^4$	$\geqslant$3.5	生牛乳：$\leqslant 2\times10^5$ 其他动物生乳：$\leqslant 1\times10^6$
加拿大	$\leqslant 5\times10^4$	—	牛乳：$\leqslant 4\times10^5$ 羊乳：$\leqslant 1.5\times10^6$

可以看出，我国原料乳设定的细菌总数指标远低于欧美等国。美国《联邦法规》第7卷规定生牛乳和山羊乳的菌落总数不超过5×10^5CFU/mL。除了联邦法规的要求，美国适用于优质乳制品的A级巴氏杀菌奶条例（Grade “A” Pasteurized Milk Ordinance，PMO）标准，对作为液态乳制品原料的生乳菌落总数的要求是：单个奶户的奶中菌落总数不得超过1×10^5CFU/mL，与其他的奶混合后，在杀菌前不得超过3×10^5CFU/mL。欧盟要求生牛乳的菌落总数在1×10^5CFU/mL以下，而加拿大（5×10^4CFU/mL）和澳大利亚、新西兰（2.5×10^4CFU/mL）等国家要求更严。我国《食品安全国家标准　生乳》（GB 19301—2010）规定的生乳菌落总数限量值是美国标准的4倍，欧盟生牛乳标准的20倍，加拿大标准的40倍，澳大利亚、新西兰标准的80倍。此外，澳大利亚、新西兰等国家还要求检测大肠菌群，可见国外对原料乳质量控制更加重视。我国应向国际靠拢，提高相应的指标要求，从源头降低细菌总数，提高乳制品质量。

1.4 生鲜乳质量安全现状

1.4.1 生鲜乳质量安全问题

乳制品的质量安全是奶业发展的生命线，关系到消费者的身体健康，受到全社会普遍关注。从全国范围来看，近年国家食品安全监督抽检结果显示，乳制品合格率均在99%以上。2018年，共监督抽检2 634批次乳制品，合格率为99.7%，比上年提高0.5个百分点。尽管如此，国内生鲜乳及乳制品领域仍存在较多问题。

相关调查显示，当前国内的原料乳质量呈现出良莠不齐的状况。一直以来，奶源质量制约了国内奶产业的进一步发展，并且影响乳品质量及档次的大幅提高。现阶段，在乳品市场上存在口味不佳的产品的原因主要与原奶品质有关，使用质量低的原奶难以制造出优质的乳品，在涌入国外奶产品的形势下，会大量流失消费者。

在生产液态奶中，部分企业会以进口廉价奶粉、国产低质奶粉为生产原料，还原加工制成液态。而为了减少生产成本，部分企业还会使用快过期的廉价奶。还原奶中含有的微量元素、维生素、免疫球蛋白等均不及鲜奶制品，且口感也不及鲜奶。所以，以还原奶充当鲜奶，不仅质量无保障，而且欺骗了广大消费者。在进口乳制品中，粉类大约为90%，并且主要被用来加工还原奶制品。现阶段，人们生活品质日趋提升，消费奶制品的量也越来越大，饮用液态奶已逐渐成为国人的一种习惯。但是，在利益的驱动下，很多企业仍在大量生产还原奶。据调查分析，国内还原奶如此盛行的原因主要是国内消毒纯鲜奶一直备受价格限制。

奶粉质量安全方面的问题更为严重，存在大量掺假现象，具体掺假的物质主要是蛋白粉、淀粉、乳清粉，这种掺假产品一般会售价低廉、包装精美、宣传夸张。除此以外，乳酸菌饮品也逐步发展成为各大乳业企业的一个竞争热点。部分生产厂商从产品名上刻意混淆消费者的视听，提出“酸性乳饮料”等的产品名，达到迷惑广大消费者的目的。

作为国内的新兴产业之一，奶业已经发展成为一个食品工业中的关键项目，特别是现阶段乳品工业更是迅速发展，涌现出大量改建工厂。但是，国内奶业整体起步点低，业界基础薄弱，在整个发展过程中会暴露较多的问题。部分不法分子还会乘机造假，扰乱乳业生产发展秩序。具体表现是：在产品标准中，缺少完备的安全性指标，如残留抗生素等；生产方法标准滞后，现阶段国内依旧沿用TTC显色法等抗生素检测法，未投入使用液相色谱法或酶联免疫法；针对产品标准存在不合理现象，如未强制性要求奶粉中蛋白质成分；此外，还没有乳、乳制品销售领域的管理标准，如缺少牛乳生鲜抽样员规范、交售路途耗时需求、交售检验标准、存在非法稽查管理原料等。

1.4.2 当前质量安全问题的处理措施

各地奶牛协会在每年6月第1周举办乳品宣传周活动，在宣传产品时，会组织专家、协会大力宣传各种乳品的具体营养价值、各项质量安全措施。从反面教材出发强化宣传力度，促进消费者增强理解、标签识别综合能力。同时，还应针对国内乳、乳制品市场，完善安全质量认证管理系统，并顺应国际化发展趋势，完善有关产品标准要求，指导消费者购买适宜的乳品。此外，还应借助电视、网络等媒体，大力宣传乳品知识，全面普及乳品知识。

针对乳品单位创建直属奶牛场的产业，放宽银行的放贷要求，鼓励单位创建一体化集“奶源—生产—销售”的联合企业，以便控制奶源数量、质量。针对有条件的地区，鼓励成立奶农组织，保护个体奶农正当权益，并积极传授普及奶牛养殖专业知识，严格监督个体奶农非法掺假掺杂的行为。通过推广奶牛牛群改良（DHI）管理，大量培育优良奶牛品种，提升奶牛性能，改善牛奶单产和质量。针对生鲜牛乳，扩大第三方质量监管范围，分批分期地面向全国推广经验。第三方监管应保障奶牛养殖水平，并提升标准化程度，通过推广奶牛协会的高科技养殖法，积极投入使用低残留高效兽药、喂养优质饲料等。

面向消费者，积极组建协会队伍。工作人员应熟悉掌握产品质量法、食品卫生法、商标法、消费者权益保护法等；同时还应了解举证内容、证据保护法，正确指导受害消费者维护自身利益。积极互通信息，统一协调工作，及时转变多方管一事、有事无人管的局面。

积极分析乳及乳制品领域的各种质量安全问题，从源头上严格控制奶品质量，力争让消费者食用放心乳品，并以此来赢得更大的市场份额。

1.5 生鲜乳质量安全监管的发展方向

随着我国奶牛养殖规模化水平的持续提升，奶业产业素质不断提高，质量安全监管工作不断强化，生鲜乳质量安全水平不断向优。据统计，2019年生鲜乳抽检合格率达99.9%以上，其中三聚氰胺等违禁添加物质抽检合格率连续多年达100%，下一步可适当降低已知违法添加物质监测频次，重点兼顾违法添加物替代物监测。对于禁用、停用和不得检出的药物，目前多数情况下依据各级政府部门监测文件中明确的判定值进行判定，无明确判定值的依据检测方法检测限（或定量限）进行判定，业内和有关部门认识不一致或采用检测方法可能存在判定标准不严格统一的问题，亟须有关部门进行风险评估并对判定值进行进一步明确和规范。

我国兽药残留限定数量与日本、澳大利亚等国家相比，还有一定差距，随着新型药物不断出现，需要研究制定更加快速、简便、灵敏度高的快速检测方法，进一步降低检测成本，加大风险监测和耐药性监测力度，扩大监测覆盖面，为及时修订兽药残留限量标准提供依据，避免国家标准法规更新不及时、不完善，出现兽药残留无法有效控制的情况。

2 违禁添加物

2.1 概述

乳制品在国民膳食结构中占据着越来越重要的位置，其质量安全是人们高度关注的焦点。一些不法分子在经济利益的驱使下，向生鲜乳中非法添加与乳及乳制品相关的违禁添加物，会对人体健康产生严重威胁。常见的违禁添加物主要包括三聚氰胺、β-内酰胺酶、碱类物质、硫氰酸钠及革皮水解物等。基于此，有必要加强生鲜乳及乳制品的管理，加快检测技术的开发，建立简便、快速、准确、敏感性高的检测方法，以满足日趋严格的残留限量要求，保障人们饮用乳制品的卫生和安全。

2.1.1 三聚氰胺

三聚氰胺无色、无气味、低毒，是一种重要的工业材料，可用于生产涂料、塑料、海绵、纤维处理剂和黏合剂、阻燃剂、纳米复合材料等工业制品。由于其含氮量高，被非法添加到原料乳及乳制品中，以达到增加蛋白质测试含量的目的。2008年“三鹿奶粉”食品安全事故导致近几年消费者对国产婴幼儿乳粉的极度不信任，极大地制约了我国乳产业的健康发展。因此，对原料乳及乳制品中三聚氰胺的检测方法研究尤为重要。

尽管对于三聚氰胺形成肾结石的机理尚不明了，但是根据现有病例调查，三聚氰胺剂量和临床疾病之间存在明显的量效关系。美国《生活科学》杂志报道认为纯的三聚氰胺毒性轻微，但由于加工过程中，使得三聚氰胺常常混有三聚氰酸，两者紧密结合成不溶于水的网格结构。人体摄入后由于胃酸的作用，三聚氰胺和三聚氰酸分离，通过小肠吸收进入血液循环，并最终进入肾脏，在肾细胞中，两者再次结合、沉积形成结石，堵塞肾小管，最终造成肾衰竭。对于体型较大的成人，由于代谢能力强，经常喝水，结石不容易形成。但婴儿饮水较少且肾脏体积小，很容易受到结石伤害。

目前还不确定长期接触该化学物质的人群在剂量极低的情况下会出现何种状况。在毒奶粉事件中，99.2%的患病儿童年龄在3岁以下，他们每日的进食主要靠这些被污染的奶粉。对于三聚氰胺能给成人带来何种危害，目前尚未有任何研究。尽管肾结石可被清除，但三聚氰胺一旦在过滤血液的肾小管中结晶，由此造成的肾脏损害，甚至肾衰竭更加令人担忧。至于三聚氰胺对人类的致癌性，尚无充足证据。

2.1.2 β-内酰胺酶

β-内酰胺为最典型、最常见的一类抗生素，其临床医疗使用率超过50%。常见的β-内酰胺类抗生素根据结构特点可分为青霉素类、头孢菌素类、碳青霉烯类和单环类等，不同的药物结构对应独特的抗菌谱，β-内酰胺抗生素的选择取决于实际临床感染疾病的病因和严重程度。β-内酰胺类抗生素含有的β-内酰胺四元环是药物发挥活性的重要药效基团，但四元环的键角小、环张力大等特点容易受其他因素的影响，发生开环，失去药物活性。随着动物养殖过程中抗生素的滥用，导致部分致病菌产生了β-内酰胺酶，最终产生对抗生素的严重耐药性，降低了药物的疗效。

β-内酰胺酶是一种水解酶，能破坏β-内酰胺类抗生素的β-内酰胺四元环，使药物失效。自20世纪40年代首次发现β-内酰胺酶以来，目前已鉴定出近2 800种β-内酰胺酶。β-内酰胺酶特异性产生于细菌中，可与青霉素结合蛋白（PBPs）结合并进行酰化，在抗生素到达适合的靶向位点前将其水解，从而使抗生素失活。如图2-1所示的青霉素水解过程，β-内酰胺酶首先与抗生素形成非共价的Michaelis复合物，然后酶的空腔中丝氨酸的游离羟基入侵β-内酰胺四元环，形成共价的酰基酯并破坏四元环，使得抗生素与β-内酰胺酶形成了稳定复合物。酶在水分子的进攻下脱落，最终形成没有药物活性的抗生素和恢复了活性的β-内酰胺酶。

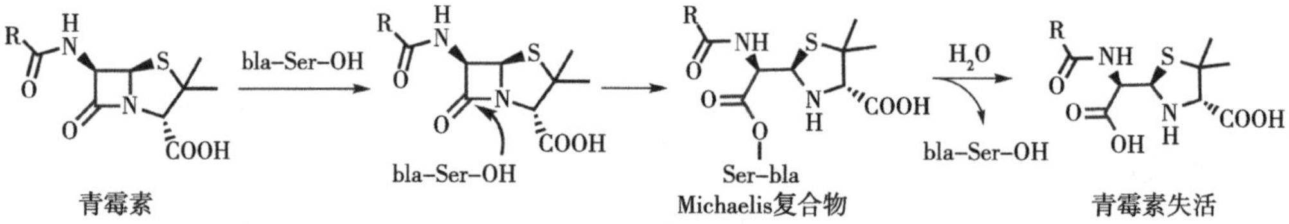

图2-1 β-内酰胺酶与青霉素反应的水解机理

奶牛在养殖过程中不可避免地会产生疾病，一些由细菌感染引起的疾病，如乳腺炎、子宫内膜炎等，对奶牛危害较严重，也比较常见。对于这类疾病，抗生素的应用就比较普遍了。但在治疗疾病的同时，也会有在奶牛体内蓄积以及残留到乳汁中的风险，影响人们的身体健康。随着我国对生鲜乳中抗生素残留问题关注度的提高和部分乳制品企业“无抗奶”目标的制定和提出，抗生素残留成为人们关注的食品健康问题，“无抗奶”也成为生产者和消费者重点关注的话题。为了使检测部门对生鲜乳中相应抗生素残留的检查结果为阴性，不法商贩向其中添加β-内酰胺酶以破坏此类抗生素。生鲜乳中添加β-内酰胺酶，表面上掩盖了抗生素的存在，但它的存在会导致相关的青霉素、头孢菌素等抗生素类药物的细菌耐药性增高，从而使饮用乳制品的人抵抗细菌传染病的能力大大降低，同时在分解β-内酰胺类药物后，可能引进其他有害物质。因此，有必要对生乳中的β-内酰胺酶进行监督检测，以监管此类违规行为。常用的检测方法包括快速检测方法及杯碟法。快速检测方法主要是利用胶体金免疫层析技术，通过测定样品中被β-内酰胺酶分解后残留的青霉素，从而间接测定生乳中是否含有β-内酰胺酶。用杯碟法检测β-内酰胺酶，主要是利用舒巴坦特异性抑制β-内酰胺酶的活性，并加入青霉素作为对照，通过比对加入β-内酰胺酶抑制剂与未加入抑制剂的样品所产生的抑制圈的大小来间接测定样品是否含有β-内酰胺酶类药物，所用菌株需对青霉素敏感。

2.1.3 碱类物质

生乳具有一定的缓冲能力，加入碱类中和剂后，所形成的缓冲化合物可以抵抗酸度的变化。生乳的缓冲化合物主要来自水溶性的磷酸钙盐、柠檬酸盐、碳酸氢盐和蛋白质侧链上的氨基和羧基。实际生产中，不法养殖户为了掩饰由于保存不当或其他原因而引起的生乳酸败现象，会向生乳中加入碱类物质，如碳酸氢钠（$NaHCO_3$）、碳酸钠（Na_2CO_3）和氢氧化物等，以中和酸度、防止生乳因酸败而凝结。添加碱类物质的生乳口感差，某些维生素被破坏，而且宜于腐败菌生长。长期饮用含有碱类物质的乳制品，会引起矿物质在体内聚集，导致肾结石、高钙血症、碱中毒及不同程度的肾功能损害等，主要体征为肌肉无力、食欲不振、恶心呕吐、口渴多尿、体重下降、头痛头晕、嗜睡以及肾绞痛等表现，甚至可能造成人体内重金属砷和铅的残留，进而对人类健康造成危害。因此，碱类物质是我国明令禁止的一种添加物。

生乳中碱类物质的检测，可依据《生乳中碱类物质的测定方法》进行，检测结果超出方法检出限（0.05%）即判定为不合格。

2.1.4 硫氰酸钠

硫氰酸钠广泛存在于动植物中，如十字花科植物、动物的血液和唾液等。同时硫氰酸钠也是牛奶中过氧化物酶抗菌体系（LPS）的主要成分之一。LPS包括乳过氧化物酶、硫氰酸钠和过氧化氢，通过相互作用，可抑制和杀灭多种微生物，同时还可以对牛奶进行保鲜，是不法奶户的掺假物资之一。

硫氰酸钠的毒性主要由其在体内释放的氰根离子而引起。氰根离子有苦杏仁味，在体内能很快与细胞色素氧化酶中的三价铁离子结合，抑制该酶活性，使组织不能利用氧。氰根离子所致的急性中毒分为轻、中、重三级，轻度中毒表现为眼及上呼吸道刺激症状，口唇及咽部麻木，继而可出现恶心、呕吐、震颤等；中度中毒表现为叹息样呼吸，皮肤、黏膜常呈鲜红色，其他症状加重；重度中毒表现为意识丧失，出现强直性和阵发性抽搐，直至角弓反张，血压下降，尿、便失禁，常伴发脑水肿和呼吸衰竭。硫氰酸钠是毒害品，少量摄入就会对人体造成极大的伤害。《食品安全国家标准 食品添加剂使用标准》（GB/T 2760—2011）明确规定食品中不得添加硫氰酸钠，同时规定食品中硫氰酸钠的含量不得超过10mg/kg。2008年12月12日卫生部公布的《食品中可能违法添加的非食用物质和易滥用的食品添加剂品种名单（第一批）》中规定禁止在乳及乳制品中添加硫氰酸钠用于保鲜。

2.1.5 革皮水解物

革皮水解物是指利用皮革下脚料或动物毛发等物质，经水解而生成的物质。由于其多用皮革厂制作服装、皮鞋后的下脚料来生产，革皮水解物中混进了大量皮革糅制、染色过程中添加的重铬酸钾和重铬酸钠等有毒物质，含有超量的重金属六价铬，如长期接触，可引起中毒、关节疏松肿大等，严重危害人体健康。

由于革皮水解物中蛋白质含量较高，因此有不法厂商利用这种革皮水解物，加入浓缩鲜奶精、香精和甜味素等物质，经过喷雾改造后生产假冒乳制品，或者将其添加到生乳及乳制品中以增加蛋白质含量。革皮水解物的添加会影响生乳的口感，其存在会导致生乳不易消化，吸收利用率降低，易造成重金属中毒。

生乳中革皮水解物的检测以L-羟脯氨酸为主。L-羟脯氨酸是胶原蛋白中的特有组分，生乳中不含此种氨基酸，因此可依据《生乳中L-羟脯氨酸的测定》（NY/T 3130—2017）进行检测以判断生乳中是否含有革皮水解物。检测结果如超出方法检出限（30mg/L）即判定为不合格。

2.2 检测技术应用

2.2.1 生乳中三聚氰胺的检测方法

2.2.1.1 酶联免疫吸附法测定生乳中三聚氰胺

（1）范围。本方法适用于生乳中三聚氰胺的常规快速测定。

（2）原理。本方法是酶联免疫法中的竞争性测定法，其主要原理是：样品中游离的三聚氰胺与酶标板上固定的三聚氰胺抗原竞争特异性抗体，通过酶标Ⅱ

抗的反应，洗掉游离的酶标物，再通过酶的专一性显色剂显色，根据显色的深浅来判断样品中三聚氰胺的含量。根据竞争性原理，样品中游离的三聚氰胺少，则酶标Ⅱ抗结合多，显色就深，相反则显色浅。结果可以通过在450nm处测定吸收值计算，颜色变化的程度反映样品中三聚氰胺的含量，在一定浓度范围内吸光度的高低与样品中三聚氰胺的含量成反比。

（3）试样制备。采集的生乳应密闭保存于-18℃的冰柜中，用前恢复至室温，摇匀，备用。

（4）试剂和材料。本法所用试剂均为分析纯，水为符合GB/T 6682规定的二级水。

①竞争酶标免疫法三聚氰胺试剂盒，2～8℃冰箱中保存。

②微孔板：包被有三聚氰胺抗原。

③三聚氰胺标准溶液：0、10ng/mL、30ng/mL、90ng/mL、270ng/mL、810ng/mL。

④三聚氰胺酶标Ⅱ抗工作液。

⑤三聚氰胺抗体工作液。

⑥浓缩样本稀释液。

⑦浓缩洗涤液。

⑧底物A液。

⑨底物B液。

⑩终止液。

⑪洗涤液：用水20倍稀释厂商提供的浓缩洗涤液。

⑫样本稀释液：用水4倍稀释厂商提供的浓缩样本稀释液。

（5）仪器和设备。

酶标仪（配备450nm滤光片）。

分析天平：感量0.000 01g、0.001g。

振荡器。

恒温干燥箱。

微量加样器及配套吸头：单道20μL、50μL、100μL、1 000μL，多道50～300μL。

（6）测定步骤

①样品处理：取生鲜乳样品100μL，加入900μL样本稀释液，充分混匀，取50μL用于检测。

②测试程序：

a. 在室温20～25℃条件下操作，测定之前将试剂盒以及所有试剂在室温（20～25℃）下放置1～2h。

b. 将足够标准和样品所用数量的孔条插入微孔架，标准和样品做两个平行试验，记录下标准和样品的位置。

c. 分别在各孔中加50μL的标准品溶液或样品溶液。

d. 分别在各孔中加50μL的抗体工作液。

e. 盖好盖板膜，轻轻晃动反应板数秒，（25±2）℃反应30min。

f. 倾出微孔中的液体，加250μL洗涤工作液，轻轻振荡30s，倾出微孔中的洗涤液，在吸水纸上拍打，彻底清除微孔中的残留液和气泡，重复上述操作3遍。

g. 立即在每孔中加入10μL酶标Ⅱ抗工作液。

h. 盖好盖板膜，轻轻晃动反应板数秒，（25±2）℃反应30min。

i. 倾出微孔中的液体，加250μL洗涤工作液，轻轻振荡30s，倾出微孔中的洗涤液，在吸水纸上拍打，彻底清除微孔中的残留液和气泡，重复上述操作3遍。

j. 立即在每孔中加入100μL AB混合液（用前5min内按体积比1∶1配制），轻轻晃动反应板数秒，（25±2）℃避光反应10～15min。

k. 每孔加50μL终止液（推荐使用多通道加样器），轻轻振荡混匀，10min内在450nm下检测吸光度。

（7）结果判定和表述。

按式（2-1）计算百分吸光度值。

$$\text{百分吸光度值（\%）}=\frac{B}{B_0}\times 100 \qquad (2-1)$$

式中：B为标准溶液或供试样品的平均吸光度值；

B_0为零标准的标准溶液平均吸光度值。

用专业计算机软件求出供试样品中三聚氰胺的浓度，乘以稀释系数即得检测结果，或计算出的标准相对吸光度值绘成一个对应浓度（ng/mL）的半对数坐标系统曲线图，校正曲线在10～810ng/mL范围内应当成为线性。相对应每一个样品的浓度（ng/mL）可以从校正曲线上读出。

（8）检测方法灵敏度、准确度、精密度。

①灵敏度：本方法在生乳中的检测限为100ng/mL。

②准确度：本方法在200ng/mL添加浓度水平上的回收率为70%～120%。

③精密度：本方法的批内变异系数CV≤10%，批间变异系数（CV）≤15%。

2.2.1.2 液相色谱法测定生乳中三聚氰胺

（1）范围。本方法规定了液相色谱法快速检测生乳中三聚氰胺。

（2）原理。用乙腈作为原料乳中的蛋白质沉淀剂和三聚氰胺提取剂，强阳离子交换色谱柱分离，高效液相色谱紫外检测器或二极管阵列检测器检测，外标法定量。

（3）试剂和材料。所用试剂均为分析纯或以上规格，水为GB/T 6682规定的一级水。

①乙腈（CH_3CN）：色谱纯。

②磷酸（H_3PO_4）。

③磷酸二氢钾（KH_2PO_4）。

④三聚氰胺标准物质（$C_3H_6N_6$）：纯度≥99%。

⑤三聚氰胺标准储备液（1.0×10^3mg/L）：称取100mg（准确至0.1mg）三聚氰胺标准物质，用水完全溶解后，100mL容量瓶中定容至刻度，混匀，4℃条件下避光保存，有效期为1个月。

⑥标准工作液：使用时配制。

⑦标准溶液A（2.00×10^2mg/L）：准确移取20.0mL三聚氰胺标准储备液，置于100mL容量瓶中，用水稀释至刻度，混匀。

⑧标准溶液B（0.50mg/L）：准确移取0.25mL标准溶液A，置于100mL容量瓶中，用水稀释至刻度，混匀。

⑨按表2-1分别移取不同体积的标准溶液A于容量瓶中，用水稀释至刻度，混匀。按表2-2分别移取不同体积的标准溶液B于容量瓶中，用水稀释至刻度，混匀。

表2-1　标准工作液配制（高浓度）

标准溶液A体积（mL）	0.10	0.25	1.00	1.25	5.00	12.5
定容体积（mL）	100	100	100	50.0	50.0	50.0
标准工作液浓度（mg/L）	0.20	0.50	2.00	5.00	20.0	50.0

表2-2　标准工作液配制（低浓度）

标准溶液A体积（mL）	1.00	2.00	4.00	20.0	40.0
定容体积（mL）	100	100	100	50.0	50.0
标准工作液浓度（mg/L）	0.005	0.01	0.02	0.10	0.20

⑩磷酸盐缓冲液（0.05mol/L）：称取6.8g（准确至0.01g）磷酸二氢钾，加水800mL完全溶解后，用磷酸调节pH值至3.0，用水稀释至1L，用滤膜过滤后备用。

⑪一次性注射器：2mL。

⑫滤膜：水相，0.45μm。

⑬针式过滤器：有机相，0.45μm。

⑭具塞刻度试管：50mL。

（4）仪器。

液相色谱仪：配有紫外检测器或二极管阵列检测器。

分析天平：感量0.000 1g、0.01g。

pH计：测量精度±0.02。

溶剂过滤器。

（5）测定步骤。

①试样的制备：称取混合均匀的15g（准确至0.01g）原料乳样品，置于50mL具塞刻度试管中，加入30mL乙腈剧烈振荡6min，加水定容至满刻度，充分混匀后静置3min，用一次性注射器吸取上清液用针式过滤器过滤后，作为高效液相色谱分析用试样。

②高效液相色谱测定：

色谱条件

色谱柱：强阳离子交换色谱柱，SCX，250mm×4.6mm（内径），5μm，或性能相当者。

注：宜在色谱柱前加保护柱（或预柱），以延长色谱柱使用寿命。

流动相：磷酸盐缓冲溶液乙腈（70+30，体积比），混匀。

流速：1.5mL/min。

柱温：室温。

检测波长：240nm。

进样量：20μL。

液相色谱分析测定

仪器的准备：开机，用流动相平衡色谱柱，待基线稳定后开始进样。

定性分析：依据保留时间一致性进行定性识别的方法。根据三聚氰胺标准物质的保留时间，确定样品中三聚氰胺的色谱峰。必要时应采用其他方法进一步定性确证。

定量分析：校准方法为外标法。

校准曲线制作：根据检测需要，使用标准工作液分别进样，以标准工作液浓度为横坐标，以峰面积为纵坐标，绘制校准曲线。

试样测定：使用试样分别进样，获得目标峰面积。根据校准曲线计算被测试样中三聚氰胺的含量（mg/kg）。

试样中待测三聚氰胺的响应值均应在方法线性范围内。

注：当试样中三聚氰胺的响应值超出方法的线性范围的上限时，可减少称样量再进行提取与测定。

③结果计算：结果按式（2-2）计算。

$$X = C \times \frac{V}{m} \times \frac{1\ 000}{1\ 000} \tag{2-2}$$

式中：X为原料乳中三聚氰胺的含量（mg/kg）；

C为从校准曲线得到的三聚氰胺溶液的浓度（mg/L）；

V为试样定容体积（mL）；

m为样品称量质量（g）。

通常情况下计算结果保留3位有效数字；结果在0.1～1.0mg/kg时，保留2位有效数字；结果小于0.1mg/kg时，保留1位有效数字。

④平行试验：按以上步骤，对同一样品进行平行试验测定。

⑤空白试验：除不称取样品外，均按上述步骤同时完成空白试验。

⑥方法检测限：本方法的检测限为0.05mg/kg。

⑦回收率：在添加浓度0.3～100.0mg/kg范围内，回收率在93.0%～103%，相对标准偏差小于10%。

（6）精密度。本标准精密度数据按照GB/T 6379.1和GB/T 6379.2规定确定，其重复性和再现性值以95%的置信度计算。

①重复性：在重复性条件下，获得的两次独立测量结果的绝对差值不超过重复性限（r），样品中三聚氰胺含量范围及重复性方程见表2-3。

如果两次测定值的差值超过重复性限（r），应舍弃试验结果并重新完成两次单个试验的测定。

②再现性：在再现性的条件下，获得的两次独立测试结果的绝对差值不超过再现性限（R），样品中三聚氰胺的含量范围及再现性方程见表2-3。

表2-3　三聚氰胺含量范围及重复性和再现性方程

成分	含量范围（mg/kg）	重复性限（r）	再现性限（R）
三聚氰胺	0.3～100.0	$\lg r=-1.260+0.928\ 6\lg m$	$\lg R=-0.704\ 4+0.774\ 4\lg m$

注：m表示两次测定结果的算术平均值，单位为mg/kg。

③重复性与再现性参考值：表2-4列出了m在不同范围时的r与R值，供参考。

表2-4　m在不同范围时的r与R值

m（mg/kg）	0.30～0.40	0.40～0.50	0.50～1.00	1.00～2.00	2.00～2.50	2.50～10.0
r	0.02	0.02	0.03	0.05	0.10	0.13
R	0.08	0.10	0.12	0.20	0.34	0.40

（续表）

m（mg/kg）	10.0 ~ 20.0	20.0 ~ 40.0	40.0 ~ 60.0	60.0 ~ 80.0	80.0 ~ 100.0
r	0.47	0.89	1.69	2.46	3.22
R	1.17	2.01	3.44	4.71	5.88

（7）试验报告。试验报告应包括以下内容。

①鉴别样品、实验室和分析日期等资料。

②遵守本标准规定的程度。

③分析结果及其表示。

④测定中观察到的异常现象。

⑤对分析结果可能有影响而本标准未包括的操作或者任选的操作。

（8）质量保证。

①操作人员应具备从事相应试验技术的能力，并符合国家相关规定。

②仪器及相关计量器具应通过检定或校准，并在有效使用期内。

③宜采用有证标准物质，若采用自配标样，应使用有证标准物质对自配标样进行验证。

④原料乳样采集和保存应严格执行本标准和国家相关规定，实施全过程质量保证。

（9）注意事项。

①如果保留时间或柱压发生明显的变化，应检测离子交换色谱柱的柱效以保证检测结果的可靠性。

②使用不同的离子交换色谱柱，其保留时间有较大的差异，应对色谱条件进行优化。

③强阳离子交换色谱的流动相为酸性体系，每天结束试验时应以中性流动相冲洗仪器系统进行维护保养。

2.2.1.3　液相色谱-质谱/质谱法测定生乳中三聚氰胺

（1）原理。试样用三氯乙酸溶液提取，经阳离子交换固相萃取柱净化后，用液相色谱-质谱/质谱法测定和确证，外标法定量。

（2）试剂与材料。所有试剂均为分析纯，水为GB/T 6682规定的一级水。

①乙酸。

②乙酸铵。

③乙酸铵溶液（10mmol/L）：准确称取0.772g乙酸铵于1L容量瓶中，用水溶解并定容至刻度，混匀后备用。

④甲醇：色谱纯。

⑤乙腈：色谱纯。

⑥氨水：含量为25%～28%。

⑦三氯乙酸。

⑧柠檬酸。

⑨辛烷磺酸钠：色谱纯。

⑩甲醇水溶液：准确量取50mL甲醇和50mL水，混匀后备用。

⑪三氯乙酸溶液（1%）：准确称取10g三氯乙酸于1L容量瓶中，用水溶解并定容至刻度，混匀后备用。

⑫氨化甲醇溶液（5%）：准确量取5mL氨水和95mL甲醇，混匀后备用。

⑬离子对试剂缓冲液：准确称取2.10g柠檬酸和2.16g辛烷磺酸钠，加入约980mL水溶解，调节pH值至3.0后，定容至1L备用。

⑭三聚氰胺标准品（CAS：108-78-1）：纯度>99.0%。

⑮三聚氰胺标准储备液：准确称取100mg（精确到0.1mg）三聚氰胺标准品于100mL容量瓶中，用甲醇水溶液溶解并定容至刻度，配制成浓度为1mg/mL的标准储备液，于4℃避光保存。

⑯阳离子交换固相萃取柱：混合型阳离子交换固相萃取柱，基质为苯磺酸化的聚苯乙烯-二乙烯基苯高聚物，填料质量为60mg，体积为3mL，或相当者。使用前依次用3mL甲醇、5mL水活化。

⑰定性滤纸。

⑱海砂：化学纯，粒度0.65～0.85mm，二氧化硅（SiO_2）含量为99%。

⑲微孔滤膜：0.2μm，有机相。

⑳氮气：纯度≥99.999%。

（3）仪器和设备。

液相色谱-质谱/质谱（LC-MS/MS）仪：配有电喷雾离子源（ESI）。

分析天平：感量0.000 1g、0.01g。

离心机：转速不低于4 000r/min。

超声波水浴。

固相萃取装置。

氮气吹干仪。

涡旋混合器。

具塞塑料离心管：50mL。

研钵。

（4）样品处理。

①提取：称取1g（精确至0.01g）试样于50mL具塞塑料离心管中，加入8mL三氯乙酸溶液和2mL乙腈，超声提取10min，再振荡提取10min后，以不低于4 000r/min

离心10min。上清液经三氯乙酸溶液润湿的滤纸过滤后为待净化液。

②净化：将待净化液转移至固相萃取柱中，依次用3mL水和3mL甲醇洗涤，抽至近干后，用6mL氨化甲醇溶液洗脱。整个固相萃取过程流速不超过1mL/min。洗脱液于50℃下用氮气吹干，残留物（相当于1g试样）用1mL流动相定容，涡旋混合1min，过微孔滤膜后，供LC-MS/MS测定。

（5）液相色谱-质谱/质谱测定。

①LC参考条件：

色谱柱：强阳离子交换与反相C18混合填料，混合比例（1∶4），150mm×2.0mm（内径），5μm，或相当者。

流动相：等体积的乙酸铵溶液和乙腈充分混合，用乙酸调节至pH值3.0后备用。

进样量：10μL。

柱温：40℃。

流速：0.2mL/min。

②MS/MS参考条件：

电离方式：电喷雾电离，正离子。

离子喷雾电压：4kV。

雾化气：氮气，2.815kg/cm^2。

干燥气：氮气，流速10L/min，温度350℃。

碰撞气：氮气。

分辨率：Ql（单位）、Q3（单位）。

扫描模式：多反应监测（MRM），母离子*m/z* 127，定量子离子*m/z* 85，定性子离子*m/z* 68。

停留时间：0.3s。

裂解电压：100V。

碰撞能量：*m/z* 127>85为20V，*m/z* 127>68为35V。

③标准曲线的绘制：取空白样品按照上述步骤处理。用所得的样品溶液将三聚氰胺标准储备液逐级稀释得到的浓度为0.01μg/mL、0.05μg/mL、0.1μg/mL、0.2μg/mL、0.5μg/mL的标准工作液，浓度由低到高进样检测，以定量子离子峰面积—浓度作图，得到标准曲线回归方程。

④定量测定：待测样液中三聚氰胺的响应值应在标准曲线线性范围内，超过线性范围则应稀释后再进样分析。

⑤定性判定：按照上述条件测定试样和标准工作液，如果试样中的质量色谱峰保留时间与标准工作液一致（变化范围在±2.5%之内），样品中目标化合物的两个子离子的相对丰度与浓度相当标准溶液的相对丰度一致，则可判断样品中存

在三聚氰胺。

⑥结果计算：试样中三聚氰胺的含量由色谱数据处理软件或按式（2-3）计算获得。

$$X = \frac{A \times c \times V \times 1\,000}{As \times m \times 1\,000} \times f \tag{2-3}$$

式中：X为试样中三聚氰胺的含量（mg/kg）；

A为样液中三聚氰胺的峰面积；

c为标准溶液中三聚氰胺的浓度（μg/mL）；

V为样液最终定容体积（mL）；

As为标准溶液中三聚氰胺的峰面积；

m为试样的质量（g）；

f为稀释倍数。

（6）空白试验。除不称取样品外，均按上述测定条件和步骤进行。

（7）定量限。本方法的定量限为0.01mg/kg。

（8）回收率。在添加浓度0.01～0.5mg/kg浓度范围内，回收率在80%～110%，相对标准偏差小于10%。

（9）允许差。在重复性条件下获得的两次独立测定结果的绝对差值不得超过算术平均值的15%。

2.2.2 生乳中β-内酰胺酶的检测方法

2.2.2.1 胶体金快速试纸条法

（1）原理。通过测定样品中被β-内酰胺酶分解后残留的青霉素，间接测定生乳中是否含有β-内酰胺酶。

（2）试剂或材料。检测所用试剂为分析纯。

β-内酰胺酶胶体金试剂盒，冷藏保存，具体储存要求参照使用说明，试剂盒内包括青霉素微孔或试剂瓶、金标颗粒青霉素受体试剂微孔、胶体金试纸条。

（3）仪器设备。

孵育器（40±2）℃。

读数仪：可测定并显示胶体金试纸条检测结果。

移液器：200μL。

（4）样品。样品应按NY/T 3051—2016中3.4.5规定的要求冷藏或冷冻保存，恢复室温后进行测定。

（5）试验步骤。将β-内酰胺酶胶体金试剂盒充分回温。吸取200μL试样于青霉素微孔或试剂瓶中，每个样品平行试验2个。充分混匀后，置于事前预热好的孵育器中孵育。孵育后，将全部试液移至受体试剂微孔中，充分混匀后再次置于孵育器中孵育。孵育后，将对应的试纸条吸水端插入微孔中，3min后弃去吸水纸并观察结果。

（6）数据处理。结果按以下两种方式进行判定。

①肉眼判定：通过比较控制线（C线）与测试线（T线）的颜色进行结果判定（图2-2），判定时间不超过5min。

阴性（-）：控制线（C线）显色，且测试线（T线）显色比C线浅或不显色，表示试样中不含β-内酰胺酶或β-内酰胺酶的浓度低于检出限。

阳性（+）：控制线（C线）显色，且测试线（T线）显色等于或强于C线显色，表示试样中含β-内酰胺酶且浓度高于检出限，阳性样品或疑似阳性样品生乳中β-内酰胺酶的测定采用杯碟法进行确证检测。

无效：控制线（C线）不显色，表明试验失效，应重新进行测试。

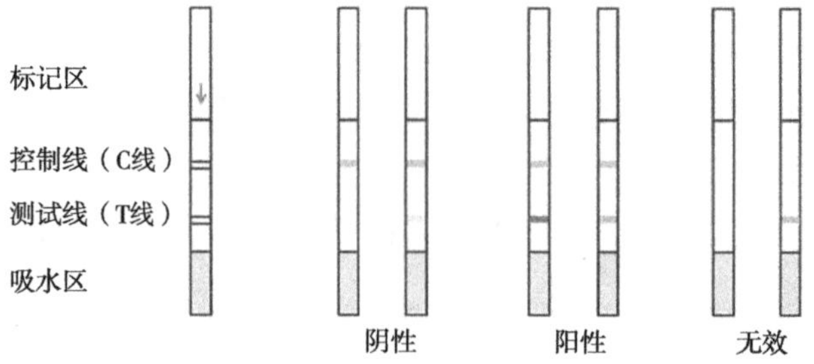

图2-2　胶体金试纸条结果判定

②读数仪判定：参照读数仪厂家的建议对结果进行判定，阳性样品或疑似阳性样品生乳中β-内酰胺酶的测定应按杯碟法进行确证检测。

（7）检出限。用此方法检测生乳中β-内酰胺酶，其方法检出限为4U/mL。

（8）注意事项。

①所用的商品化β-内酰胺酶胶体金试剂盒，应按照胶体金快速检测试纸条检测产品性能评价要求验证合格后使用。胶体金快速检测试纸条检测产品性能评价指标包括以下3个方面。

第一，灵敏度和假阴性率。采用检出限浓度样品进行20个重复测试，要求灵敏度为100%，假阴性率为0%。

第二，特异性和假阳性率。采用阴性样品进行20个重复测试，要求特异性不小于80%，假阳性率小于20%。

第三，与确证方法一致性。要求与确证方法生乳中β-内酰胺酶的测定杯碟法卡方检验测试结果$\chi^2<3.84$。

②不同β-内酰胺酶胶体金试剂盒制造商间的产品组成和孵育时间有差异，应

按照说明书操作。

③不同厂商的读数仪判定结果有差别，应按照说明书操作及判定。

2.2.2.2　杯碟法

（1）原理。采用对青霉素药物敏感的藤黄微球菌，通过舒巴坦特异性抑制β-内酰胺酶的活性，以青霉素作为对照，比较加入舒巴坦与未加入舒巴坦的样品产生的抑菌圈大小，间接测定样品中是否含有β-内酰胺酶。

（2）试剂或材料。检测所用试剂为分析纯。

①水：GB/T 6682规定中三级水的要求。

②磷酸盐缓冲溶液（pH值6.0）：称取8.0g无水磷酸二氢钾、2.0g无水磷酸氢二钾，溶解于水中，用盐酸溶液（0.1mol/L）调节pH值至6.0，定容至1L，121℃高压灭菌15min。

③生理盐水（8.5g/L）：称取8.5g氯化钠，溶解于1L水中，121℃高压灭菌15min。

④菌悬液：将试验菌株［藤黄微球菌（*Micrococcus luteus*）CMCC（B）28001，又名嗜根考克氏菌（*Kocuria rhizophila*）CICC 10445］接种于营养琼脂培养基斜面上，经生化培养箱培养18～24h，用生理盐水洗下菌苔即为菌悬液。菌悬液浓度用光度计测定，在450nm测量其200倍稀释液，吸光度值约为0.89，即终浓度约为1×10^{10}CFU/mL。菌悬液现用现配。

⑤β-内酰胺酶标准溶液（4 000U/mL）：用磷酸盐缓冲液将β-内酰胺酶标准品（300万U/mL）制备成浓度为4 000U/mL的标准溶液。现用现配。

⑥舒巴坦标准溶液（1mg/mL）：准确称取10mg（精确至0.1mg）舒巴坦标准物质，用磷酸盐缓冲液溶解并定容至10mL。现用现配。

⑦青霉素标准溶液（0.1mg/mL）：准确称取10mg（精确至0.1mg）青霉素参考标准物质（Penicillin G Sodium，青霉素G钠盐），用磷酸盐缓冲液溶解并定容至100mL。现用现配。

⑧营养琼脂培养基见表2-5。

表2-5　营养琼脂培养基的配制

成分	质量或体积
蛋白胨	10g
牛肉膏	3g
氯化钠	5g
琼脂	15～20g
水	1L

注：分装试管每管5～8mL，121℃高压灭菌15min，灭菌后摆放斜面。

⑨抗生素检定培养基Ⅱ见表2-6。

表2-6 抗生素检定培养基Ⅱ的配制

成分	质量或体积
蛋白胨	10g
牛肉浸膏	3g
氯化钠	5g
酵母膏	3g
葡萄糖	1g
琼脂	14g
水	1L

注：121℃高压灭菌15min，其最终pH值为6.5～6.6。

（3）仪器设备。

生化培养箱：±1℃。

高压灭菌锅。

光度计：450nm。

pH计：精确至0.1。

移液器：1mL、200μL、10μL。

天平：感量0.1mg。

恒温水浴锅：±1℃。

抑菌圈测量仪或游标卡尺：精确至0.01mm。

牛津杯：不锈钢小管，外径（8.0±0.1）mm，内径（6.0±0.1）mm，高度（10.0±0.1）mm。

培养皿：内径90mm。

离心管：1.5mL。

（4）样品。样品应按NY/T 3051—2016中3.4.5规定的要求冷藏或冷冻保存，恢复室温后进行测定。

（5）试验步骤。

①检验用平板的制备：将菌悬液按适当比例加入灭菌后冷却至（46±1）℃的抗生素检定培养基Ⅱ中，充分摇匀后制备菌体数量约为1×10^8CFU/mL的含菌培养基；取15～20mL含菌培养基倒入无菌培养皿，凝固后备用。

②试样的测定：各取1.00mL充分混匀的生乳于4个1.5mL离心管中，分别标为A、B、C、D。每个样品平行试验2个。同时，用灭菌水作空白试验。按照表2-7依次分别加入β-内酰胺酶标准溶液、舒巴坦标准溶液、青霉素标准溶液。混匀后，取A、B、C、D试样各200μL分别加入放置于检验用平板上的4个牛津杯

中，平板加盖后放入（37±1）℃生化培养箱中培养18～22h，测量各抑菌圈直径，取2个平行测定结果的平均值。

表2-7　试样的添加

离心管编号	β-内酰胺酶标准溶液（μL）	舒巴坦标准溶液（μL）	青霉素标准溶液（μL）
A	—	—	5
B	—	25	5
C	25	—	5
D	25	25	5

（6）试验数据处理。

①空白试验结果：对样品结果进行判定时，空白试验结果应同时满足以下条件。

2次平行测定应同时满足A、B、D均产生抑菌圈。

2次平行测定应同时满足A与B的抑菌圈差异≤3mm。

2次平行测定应同时满足C的抑菌圈小于D的抑菌圈，差异≥3mm。

②结果判定：当空白试验结果满足条件时，样品结果应按以下规则进行判定。

a.若B和D均产生抑菌圈，且C的抑菌圈小于D的抑菌圈，差异≥3mm时：

A的抑菌圈小于B的抑菌圈，2次平行测定同时满足抑菌圈差异≥3mm时，该结果判定为检出β-内酰胺酶。

2次平行测定同时满足A的抑菌圈与B的抑菌圈差异<3mm时，该结果判定为未检出β-内酰胺酶。

b.若A和B均不产生抑菌圈，应将样品稀释后再重新进行测定。

2.2.3　生乳中碱类物质的测定方法

2.2.3.1　原理

溴麝香草酚蓝指示剂的变色范围为pH值6.0～7.6。在酸性溶液中呈黄色，在碱性溶液中呈蓝色。在生乳中加入溴麝香草酚蓝指示剂，可根据颜色变化情况判断生乳中是否掺有碱类物质。

2.2.3.2　试剂或材料

溴麝香草酚蓝指示剂（0.4g/L）：称取溴麝香草酚蓝0.04g溶于100mL无水乙醇中。

2.2.3.3　仪器设备

移液器：1mL。

试管：全透明玻璃或塑料试管。

2.2.3.4 样品

测试样品应保存在4～10℃的冰箱或保温箱中，恢复室温后立即测定。

2.2.3.5 试验步骤

吸取样品0.5mL，加入0.5mL溴麝香草酚蓝指示剂溶液，混匀后于10min内观察颜色。同时用未掺碱的样品作阴性对照。

2.2.3.6 试验数据处理

结果按表2-8进行判断。

表2-8 结果的判断

结果	定性描述	表示符号	显色情况
检出	强阳性	+++	靛青色或深蓝色
	阳性	+	绿色或蓝色
	弱阳性	+	黄绿色
未检出	阴性	-	黄色

2.2.3.7 试验报告

试验报告至少应给出以下几方面的内容：试验对象、所使用的标准（包括发布或出版年号）、结果、观察到的异常现象、试验日期。

2.2.4 生乳中硫氰酸钠的检测

2.2.4.1 离子色谱法测定生乳中硫氰酸钠含量

（1）原理。试样中硫氰酸根经乙腈提取、沉淀蛋白后，对提取液进行净化，以氢氧化钾溶液为淋洗液，阴离子交换柱分离，电导检测器检测。以保留时间定性，外标法定量。

（2）试剂和材料。除另有规定外，所用试剂均为分析纯，试验用水符合GB/T 6682中一级水的规定。

①硫氰酸钠标准物质（sodium thiocyanate，分子式：NaSCN，CAS：540-72-7）：纯度≥99.99%。

②乙腈（CH_3CN）：色谱纯。

③甲醇（CH_3OH）：色谱纯。

④硫氰酸钠（以硫氰酸根计）标准储备液（1 000mg/L）：准确称取0.139 7g硫氰酸钠，用水定容至100mL。在0～4℃冰箱中保存，有效期为6个月。

⑤硫氰酸钠（以硫氰酸根计）标准中间液（10mg/L）：准确移取硫氰酸钠标准储备液1.00mL于100mL容量瓶中，用水稀释至刻度，摇匀。在0～4℃冰箱中保存，有效期为1个月。

⑥尼龙滤膜：0.22μm。

⑦RP柱（1.0mL），或性能相当的能去除有机物质的前处理小柱，使用前依次用5mL甲醇、10mL水活化，放置30min后使用。

（3）仪器和设备。

离子色谱仪：配电导检测器。

离心机：转速不低于6 000r/min。

涡旋混匀器。

分析天平：感量0.1mg、0.01g。

离心管：15mL。

（4）试样制备与保存。从所有样品中取出有代表性样品约500g或500mL，将样品充分混匀，均分成两份，分别装入洁净容器中，密封，并做好标记，于0～4℃条件下保存。

（5）分析步骤。

①试样处理：

灭菌乳等液体样品：称取4g（精确至0.01g）样品，用乙腈定容至10mL（V_1），转移至离心管中，涡旋混匀2min，室温静置沉降蛋白20min，以6 000r/min转速离心10min。准确移取上层清液1.00mL（V_2），用水定容至10mL（V_3）并混匀。取上述溶液适量，依次过0.22μm尼龙滤膜、RP柱或性能相当者，弃去前3mL滤液，收集后面滤液供离子色谱仪测定。可根据样品中硫氰酸根含量情况，用水适当稀释待测样品溶液。

乳粉等固体样品：称取1g（精确至0.01g）样品，加入4g水，立即摇匀，涡旋混匀2min，用乙腈定容至10mL（V_1），混匀后转移至离心管中，室温静置沉降蛋白20min，以6 000r/min转速离心10min。准确移取上层清液1.00mL（V_2），用水定容至10mL（V_3）并混匀。取上述溶液适量，依次过0.22μm尼龙滤膜、RP柱或性能相当者，弃去前3mL滤液，收集后面滤液供离子色谱仪测定。可根据样品中硫氰酸根含量情况，用水适当稀释待测样品溶液。

②色谱分析参考条件：

色谱柱：氢氧化物选择性、疏水性低且可兼容梯度洗脱的高容量阴离子交换柱，如IonPac® AS16型分析柱，4mm × 250mm（配备IonPac® AG16型保护柱，

4mm × 50mm），或性能相当的离子色谱柱。

柱温箱温度：30℃。

淋洗液：氢氧化钾溶液，浓度为45～60mmol/L，梯度淋洗，淋洗液OH^-浓度见表2-9。

表2-9　淋洗液OH^-浓度

时间（min）	流速（mL/min）	OH^-浓度（mmol/L）
0.00～13.00	1.00	45.0
13.00～18.00	1.00	60.0
18.00～23.00	1.00	45.0

抑制器：ASRS-300 4mm阴离子抑制器，或选用其他具有相同功能的抑制器；外加水抑制模式，抑制电流112～149mA，外加水流量1.5mL/min。

淋洗液流速：1.0mL/min。

进样体积：100μL。

检测器：电导检测器。

③绘制标准曲线：取硫氰酸钠标准中间液，根据需要用水稀释制取系列标准工作液（参考线性范围为0.01～1.00mg/L），按色谱分析条件由低到高浓度依次进样测定。根据所得色谱图，以硫氰酸钠（以硫氰酸根计）的浓度为横坐标、以峰面积（或峰高）响应值为纵坐标，绘制标准曲线，并计算线性回归方程。典型离子色谱图参见图2-3。

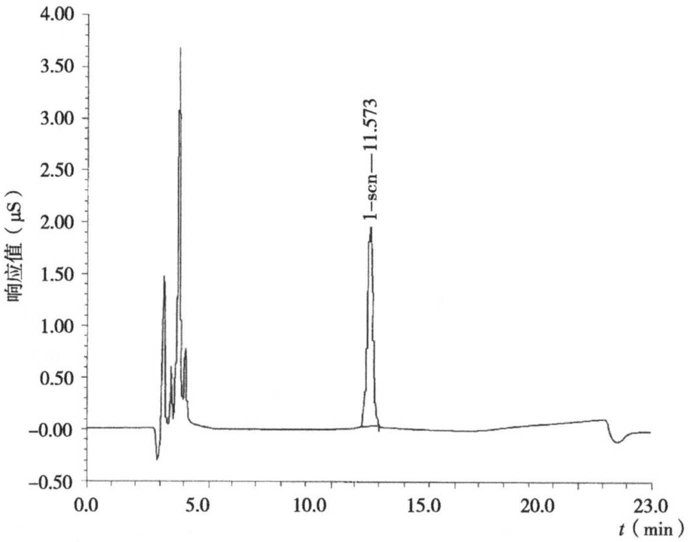

图2-3　硫氰酸钠（以硫氰酸根计）标准溶液的离子色谱（1mg/L）

④样品分析：将测试溶液按色谱分析条件进行测定，记录色谱图。根据硫氰酸根保留时间定性，测量测试中的硫氰酸根的峰面积（或峰高）响应值，采用外标法定量。测试溶液中硫氰酸根的响应值应在标准线性范围内。

⑤空白试验：除不称取试样外，其余均按上述步骤进行。

（6）结果计算。试样中硫氰酸钠（以硫氰酸根计）的含量按式（2-4）计算。

$$X = \frac{(c - c_0) \times V_1 \times V_3 \times 1\,000}{m \times V_2 \times 1\,000} \tag{2-4}$$

式中：X为试样中硫氰酸钠（以硫氰酸根计）的含量（mg/kg）；

c为测试溶液中硫氰酸钠（以硫氰酸根计）的浓度（mg/L）；

c_0为空白溶液中硫氰酸钠（以硫氰酸根计）的浓度（mg/L）；

V_1为样品用乙腈提取时定容体积（mL）；

V_2为用水稀释时移取提取液的体积（mL）；

V_3为提取液用水稀释时定容体积（mL）；

m为试样质量（g）。

计算结果保留至小数点后2位。

（7）测定低限。本方法对乳制品中硫氰酸钠（以硫氰酸根计）含量的测定，灭菌乳等液态样品测定低限为0.25mg/kg，乳粉等固态样品测定低限为1.00mg/kg。

（8）回收率与精密度。样品添加回收率及精密度试验数据参见表2-10。

表2-10　样品添加回收率与精密度试验数据（离子色谱法）

样品名称	硫氰酸钠（以硫氰酸根计）添加浓度	回收率范围（%）	相对标准偏差（%）
灭菌乳	0.25	80.4 ~ 100.2	6.45
	0.50	92.3 ~ 104.1	4.89
	2.50	93.2 ~ 101.2	2.99
杀菌乳	0.25	88.6 ~ 105.5	6.31
	0.50	88.9 ~ 105.8	5.43
	2.50	90.6 ~ 103.8	4.61
酸牛乳	0.25	88.3 ~ 104.4	5.35
	0.50	92.8 ~ 106.0	4.83
	2.50	90.4 ~ 101.2	4.15
配方乳	0.25	87.5 ~ 105.1	7.78
	0.50	88.2 ~ 104.1	7.74
	2.50	90.8 ~ 104.4	4.74

（续表）

样品名称	硫氰酸钠（以硫氰酸根计）添加浓度	回收率范围（%）	相对标准偏差（%）
饮料乳	0.25	86.1 ~ 108.7	8.36
	0.50	86.6 ~ 104.2	6.94
	2.50	91.6 ~ 102.8	3.70
乳粉	1.00	90.4 ~ 105.6	5.59
	2.00	91.3 ~ 103.3	4.84
	10.00	91.8 ~ 102.7	3.90
配方乳粉	1.00	91.7 ~ 104.3	4.73
	2.00	92.1 ~ 98.5	2.57
	10.00	92.1 ~ 103.7	3.95
干酪	1.00	90.9 ~ 102.6	4.31
	2.00	91.5 ~ 105.7	5.08
	10.00	95.2 ~ 104.5	3.31
炼乳	1.00	91.1 ~ 104.7	4.58
	2.00	93.1 ~ 105.5	4.24
	10.00	92.2 ~ 103.9	4.72

2.2.4.2 生乳中硫氰酸钠检测——高效液相色谱法

（1）主要仪器与设备。Waters高效液相色谱系统（2695-2998二极管阵列检测器，Empower®色谱工作站）；电子天平（Mettler Toledo AE240，瑞士）；高速冷冻离心机（Allegra X-22R，Beckman Coulter）；减压旋转蒸发仪（B-490，Buchi）；十八烷基硅烷键合硅胶色谱柱（Agela-ASB®C18，250mm × 4.6mm，5μm）；酸性、中性、碱性氧化铝、FL硅藻土，SPE固相萃取柱（Agela-Cleanert®，1 000mg/6mL）。

（2）试剂与药品。硫氰酸钠（99.99%，Sigma-Aldrich）；磷酸（分析纯）；三乙胺（分析纯）；乙腈（色谱纯）；甲醇（色谱纯）；正丙醇（分析纯）；去离子水（自制，电阻率>10MΩ · cm）。

（3）方法。

①磷酸盐缓冲液与流动相溶液的制备：量取磷酸2.00mL，置1 000mL容量瓶中，加水定容至刻度，摇匀，倒入烧杯中，逐滴加入三乙胺调节pH值至7.00 ± 0.02，制得磷酸盐缓冲溶液。取950mL磷酸盐缓冲液与50mL色谱级甲醇混合均匀后，作为流动相，抽滤后备用。

②标准储备液和工作曲线溶液的制备：取硫氰酸钠对照品2.50g，置250mL容

量瓶中，加水溶解并定容至刻度，摇匀，得1g/L标准储备液。分别精密量取该标准储备液1.00mL、2.00mL、5.00mL、10.00mL、20.00mL、50.00mL、100.00mL置200mL容量瓶中用磷酸盐缓冲液定容至刻度，摇匀，即得5mg/L、10mg/L、25mg/L、50mg/L、100mg/L、250mg/L、500mg/L标准工作液。

③高效液相色谱条件：色谱柱为Agela-ASB® C18（250mm×4.6mm，50μm）；流动相为磷酸盐缓冲液：甲醇=95：5；柱温为30℃；流速为0.8mL/min；检测波长为218nm；进样量10μL。

④样品前处理条件：精密量取样品10.00g，置50mL具塞离心管中，加入乙腈15mL，密塞后强烈振摇提取3min后，至高速冷冻离心机中，4℃下8 000r/min离心3min，小心取出全部上层清液，过碱性氧化铝SPE柱，挤干，收集全部流出液于100mL梨形瓶中，加入lmL正丙醇，置60℃恒温水浴中减压旋转蒸发至干，精密加入1.00mL磷酸盐缓冲液，振荡溶解后，取出置2mL的TIP离心管中，14 000r/min离心3min脱脂后取水层溶液过0.45μm滤膜，待测。

⑤标准曲线的测定：分别精密量取标准储备液1.00mL、2.00mL、5.00mL、10.00mL、20.00mL、50.00mL、100.00mL置200mL容量瓶中用磷酸盐缓冲液定容至刻度，摇匀，即得5mg/L、10mg/L、25mg/L、50mg/L、100mg/L、250mg/L、500mg/L标准工作液序列。各取10μL上机测定，每个浓度分别反复进样6次，记录色谱峰面积均值，以标准曲线序列工作液质量浓度（C）为横坐标，峰面积（A）为纵坐标，绘制标准曲线。

⑥系统适应性参数、检出限和定量限测定：对空白溶液、10mg/L标准工作液和典型样品溶液进行重复进样试验，以标准品溶液进样所得的色谱图计算理论塔板数、拖尾因子；以典型样品色谱图计算信噪比，并以3倍信噪比计算仪器方法的检测限，10倍信噪比计算仪器方法的定量限，最后通过实际进样确定该方法的检测限和定量限。

⑦回收率的测定：生乳3批、市售巴氏灭菌乳2批各取10.00mL，分别添加5μL、10μL、20μL质量浓度为1g/L的标准储备液，其添加质量分数分别为0.50mg/kg、1.00mg/kg、2.00mg/kg。按上述前处理方法进行预处理并上机进行检测，重复6次进样试验。

⑧稳定性测定：取某批次生乳按上述前处理方法制得样品溶液。取该溶液分别于室温下保存0、4h、8h、12h、24h后上机测定NaSCN峰面积。

⑨不同流动相的比较：对不同的流动相体系分别进行了标准品的进样测试。

a.质量分数为0.2%磷酸（NaOH饱和溶液调pH值=7.00）：乙腈=90：10。

b.质量分数为0.2%磷酸：乙腈=90：10。

c.质量分数为0.2%磷酸：甲醇=90：10。

d.质量分数为0.2%磷酸：甲醇=95：5。

上述质量分数为0.2%的磷酸，三乙胺调pH值均为7.00。

⑩不同提取液和提取方式的比较：为提高生乳中的硫氰酸根离子的提取效率，尝试了等体积的4种不同的提取方案。样品为已添加50μL、100μL、200μL 1mg/mL标准储备液的生乳，分别用以下方案提取后重复6次进样测定。

a.在10g样品中逐滴加入0.2%高氯酸2～3滴，调节pH值=3.0沉淀蛋白，然后分两次加入正已烷脱脂，每次各5mL，离心取水层，经0.45μm滤膜过滤后进样测定。

b.在10g样品中逐滴加入lmL饱和醋酸铅沉淀蛋白质，然后分两次加入正已烷脱脂，每次各5mL，最后取水层，经0.45μm滤膜过滤后进样测定。

c.在10g样品中加入甲醇20mL，剧烈振荡3min后8 000r/min离心3min沉淀蛋白，取上清液60℃减压旋转蒸干后用水定容至10mL，经0.45μm滤膜过滤后进样测定。

d.在10g样品中加入乙腈20mL，剧烈振荡3min后8 000r/min离心3min沉淀蛋白，取上清液60℃减压旋转蒸干后用水定容至10mL，经0.45μm滤膜过滤后进样测定，比较回收率测定结果。

⑪不同固相萃取柱净化效果的比较：提取液中还含有大量氨基酸和水溶性维生素以及部分蛋白质，若直接进样检测杂峰干扰较严重，因此选择了相同规格（1 000mg/6mL）酸性氧化铝、中性氧化铝、碱性氧化铝、氟洛里硅藻土4种填料不同的固相萃取柱进行净化效果的比较。分别取生乳10g，添加20μL标准储备液（相当于添加质量分数2mg/kg），加入乙腈20mL，剧烈振荡3min后8 000r/min离心3min沉淀蛋白，取上清液进行过柱净化后旋转蒸发至干，用磷酸盐缓冲溶液lmL溶解定容，经0.45μm滤膜过滤后进样测定，比较其色谱图中杂峰干扰大小和回收率检测结果。

（4）结果。

①紫外检测波长测定结果：通过二极管阵列检测器对样品进行200～400nm 3D全波长扫描。如图2-4所示，硫氰酸根离子在218nm附近具有最大吸收，并且此处的背景基线噪声也相对较小，因此选择218nm作为检测波长。

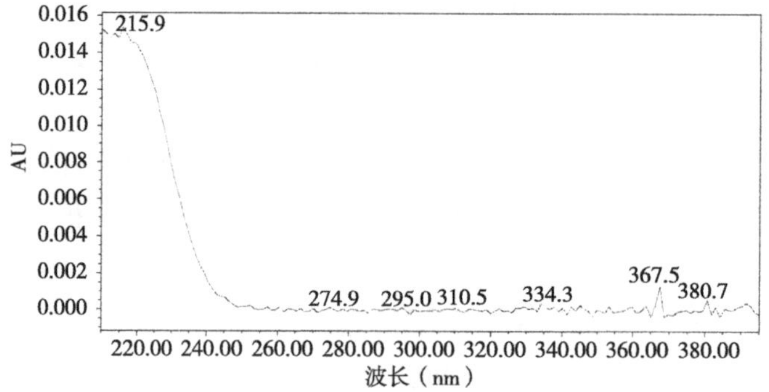

图2-4　紫外吸收

②色谱系统适应性、检测限和定量限测定结果：典型色谱图如图2-5所示，硫氰酸钠的理论塔板数7 623，拖尾因子1.25，典型样品色谱图中主峰与杂质峰的分离度大于2.0。根据3倍信噪比计算可得其仪器方法检测限为1mg/L，10倍信噪比计算可得其仪器方法定量限为3.3mg/L。最后通过实际样品测定可以确定其检测方法的检测限为0.1mg/kg，定量限为0.5mg/kg。

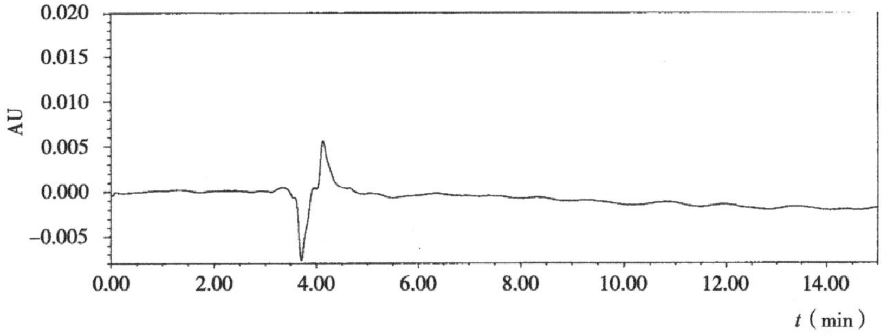

（a）溶剂空白

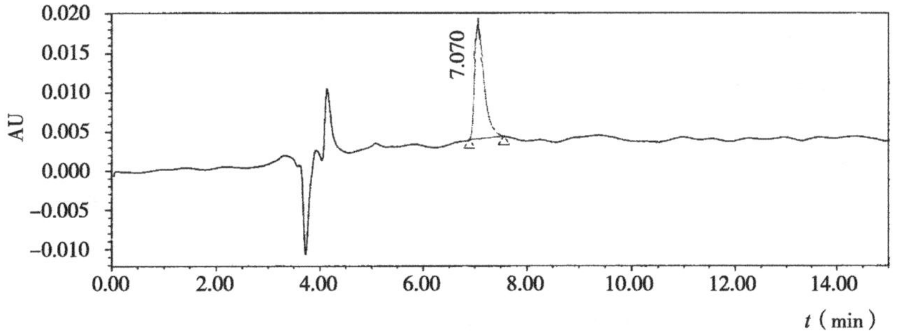

（b）10mg/L标准工作溶液

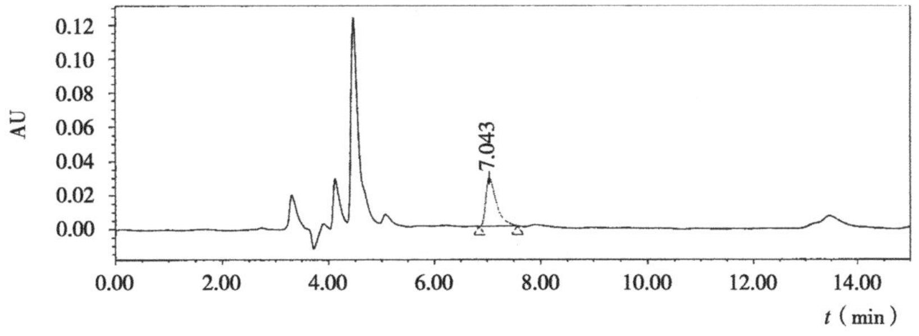

（c）样品溶液

图2-5　典型色谱

③标准工作曲线测定结果：标准工作曲线y=18.915x−15.581，R^2=0.999 9，回归曲线如图2-6所示。结果表明，该方法进样质量浓度在5～500mg/L范围内线性良好。

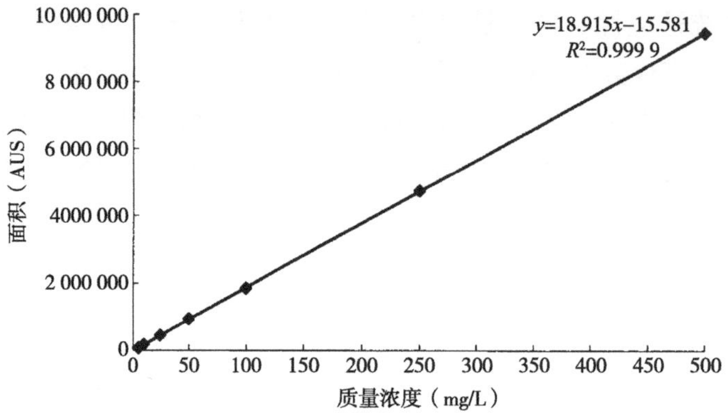

图2-6　高效液相色谱法测NaSCN标准曲线

④回收率试验测定结果：回收率试验测定结果如表2-11所示。结果表明，该方法的平均回收率在97.5%，平行样品的相对标准偏差均值为0.5%，证明该方法的准确度和精密度都符合要求。

表2-11　回收率测定结果（*n*=6）

批号	基底质量分数（mg/kg）	添加质量分数（mg/kg）	测得质量分数（mg/kg）	回收率（%）	平均回收率（%）	RSD（%）
A	4.771	0.50	5.263	98.4	98.2	0.6
		1.00	5.754	98.3		
		2.00	6.745	98.7		
B	8.835	0.50	9.332	97.4	96.7	0.5
		1.00	9.802	96.7		
		2.00	10.761	96.3		
C	5.296	0.50	5.782	97.2	97.6	0.5
		1.00	6.277	98.1		
		2.00	7.244	97.4		
D	4.157	0.50	4.644	97.4	98.1	0.4
		1.00	5.139	98.2		
		2.00	6.129	98.6		
E	2.364	0.50	2.856	98.4	98.1	0.5
		1.00	3.340	97.6		
		2.00	4.332	98.4		

⑤稳定性试验测定结果：各批次样品测定结果的RSD为0.65%。试验结果表明，样品溶液中硫氰酸钠在24h内稳定。

⑥不同流动相的比较结果：对不同的流动相体系比较所得结果如图2-7所示。结果表明，质量分数0.2%磷酸（三乙胺调节pH值=7.00）：甲醇=95：5能取得较好的峰形和系统适应性参数。

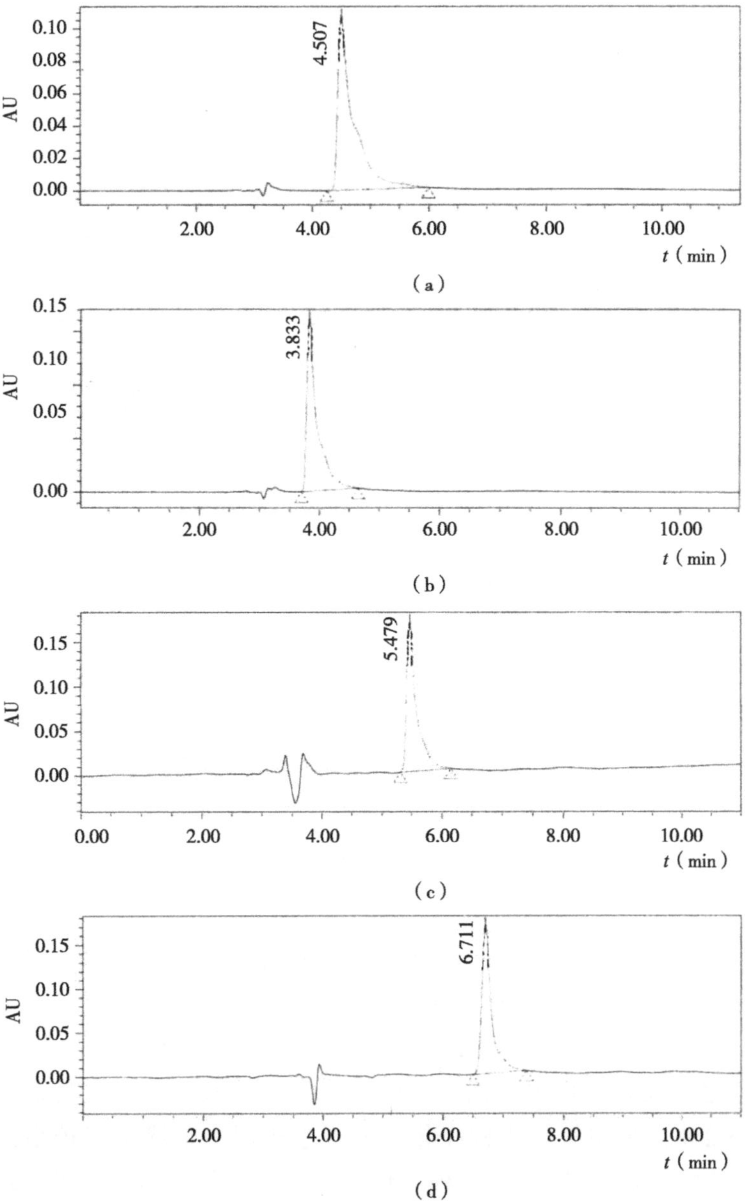

图2-7　不同流动相的色谱

a. 质量分数为0.2%磷酸（NaOH饱和溶液调pH值=7.00）：乙腈=90：10。

b. 质量分数为0.2%磷酸：乙腈=90：10。

c. 质量分数为0.2%磷酸：甲醇=90：10。

d. 质量分数0.2%磷酸：甲醇=95：5。

上述质量分数为0.2%的磷酸，三乙胺调pH值均为7.00。

⑦提取液和提取方式的比较结果：对4种不同提取方案的提取效率进行测定，结果如表2-12。所得结果表明，用乙腈作为提取液振荡提取，高速离心沉淀蛋白取清液的提取方案可取得较好的提取效率。

表2-12 提取液和提取方式优化测定结果（n=6）

	基底进样浓度（mg/L）	添加浓度（mg/L）	测得浓度（mg/L）	回收率（%）	平均回收率（%）	RSD（%）
a	41.87	5.00	45.85	79.60	80.4	1.0
		10.00	49.99	81.20		
		20.00	57.97	80.50		
b		5.00	46.16	85.80	86.2	0.5
		10.00	46.20	86.60		
		20.00	59.13	86.30		
c		5.00	46.46	91.80	92.3	0.5
		10.00	51.09	92.20		
		20.00	60.43	92.80		
d		5.00	46.76	97.80	98.1	0.4
		10.00	51.69	98.20		
		20.00	61.57	98.50		

⑧不同填料固相萃取小柱的比较结果：采用不同填料固相萃取小柱提取，所得色谱图如图2-8所示。试验结果表明，若不过柱净化直接进样测定，杂质干扰十分严重，对主峰峰型和积分面积影响较大，所得回收率相对偏低；采用FL硅藻土柱净化提取液后杂质干扰虽然减轻，但是硫氰酸盐也被吸附，回收率较低，仅有66.2%；采用氧化铝柱净化后所得色谱图中杂峰干扰较小，尤其是碱性氧化铝柱的净化效果最佳，而3种氧化铝柱子的回收率测定结果比较接近，在98.5%～104.2%，说明碱性氧化铝柱既有较好的杂质吸附效果，又对目标物硫氰酸根离子的吸附较小，可以被用作净化柱。

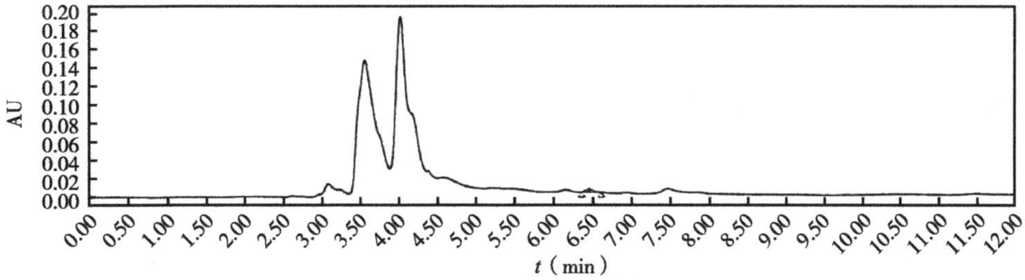

（a）不过柱净化

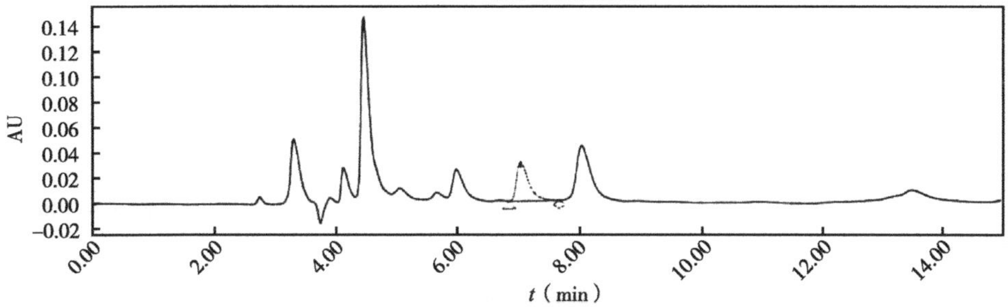

（b）酸性氧化铝柱净化

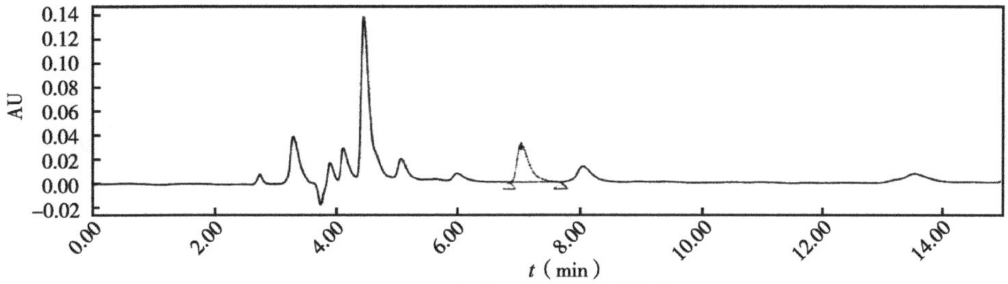

（c）中性氧化铝柱净化

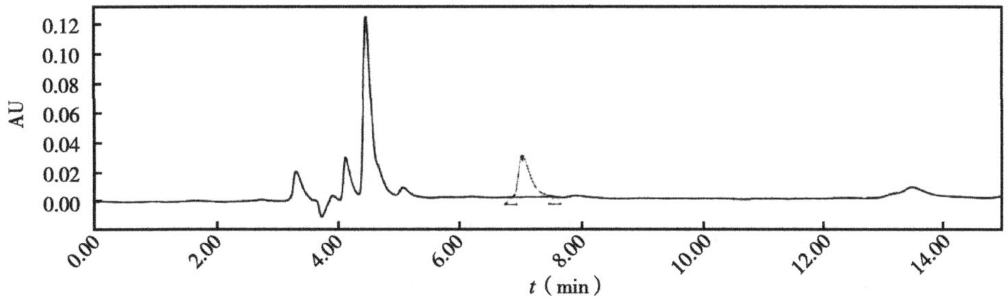

（d）碱性氧化铝柱净化

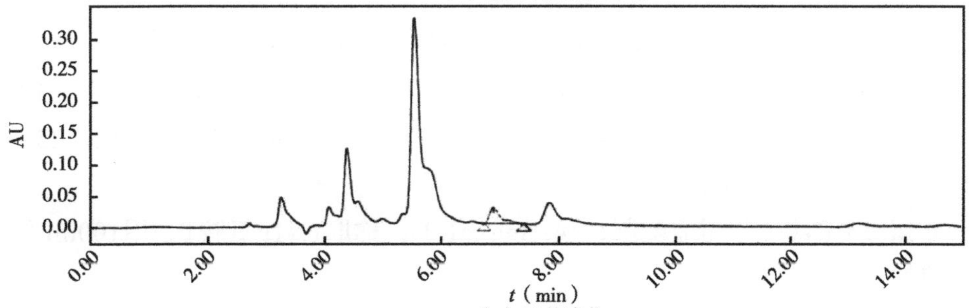

（e）FL柱净化

图2–8　净化方法比较色谱

2.2.5 革皮水解物

2.2.5.1 生乳中革皮水解物快速检测方法

（1）原理。向生乳中掺入水解蛋白是提高乳制品蛋白质含量的造假手段之一，动物水解蛋白是由动物皮革及其制品的下脚料等水解得到的蛋白质，长期食用对人体健康造成危害。L-羟脯氨酸是动物水解蛋白中胶原的特征氨基酸之一，是判断乳制品中是否加入动物水解蛋白的标示物之一。本快速检测方法是通过L-羟脯氨酸与检测试剂反应生成红色化合物，来检测乳中是否掺入水解蛋白。

（2）所用试剂。检测液A，检测液B，5mL检测管5支，吸管1包。

（3）操作步骤。

①取1mL样品液于5mL检测管中，加入检测液A 0.5mL（约10滴），混匀，反应2min。

②加入检测液B 0.5mL（约10滴），混匀，70℃水浴5min。

（4）结果判定。观察检测管中液体颜色，若变为粉红色至红色为阳性，说明样品中掺入水解蛋白；若不变色或变为粉红色至红色以外的颜色为阴性，说明样品中不含有水解蛋白。

（5）注意事项。本方法用于现场快速测定，对于测定结果为阳性的样品应重复3次测定。建议送样品至实验室或法定检测机构做精确定量。检测管冲洗、晾干后可重复使用。

2.2.5.2 “皮革奶”中L–羟脯氨酸的测定

（1）原理。L-羟脯氨酸是动物胶原蛋白中的特有成分，而在乳酪中则没有。如果检测出生乳中有L-羟脯氨酸，则可认为含有革皮水解物。

（2）所用仪器。UV-2201紫外可见分光光度计；JJ3000电子天平；HH·S21·Gr6Ⅱ电热恒温水浴锅；DHG-9240A电热鼓风干燥箱。

（3）试剂。所有试剂均为优级纯。试验用水为去离子水。

①硫酸溶液［C（H_2SO_4）≈3mol/L］：量取750mL水于烧杯中，在搅拌下缓慢加入320mL浓硫酸，冷却至室温后用水定容于2L的容量瓶中。

②缓冲溶液（pH值6.8）：称取26.0g一水合柠檬酸（$C_6H_8O_7 \cdot H_2O$）、14.0g氢氧化钠、78.0g无水乙酸钠［Na（CH_3CO_2）］，用500mL水溶解，加入250mL正丙醇，用水定容于1L容量瓶中。

③氯胺T溶液（临用前配制，14.1mg/mL）：称取1.41g氯胺T，用100mL缓冲溶液溶解。

④显色剂（临用前配制，1mg/mL）：称取10.0g对二甲氨基苯甲醛，用35mL高氯酸（70%）溶液溶解，缓慢加入65mL异丙醇。

⑤羟脯氨酸（AR，国家标准物质中心）标准溶液：称取50mg羟脯氨酸，用水溶解，加1滴硫酸溶液（3mol/L）后用水定容于100mL容量瓶中，然后稀释标准工作液，配制浓度依次为0.5μg/mL、1.0μg/mL、1.5μg/mL、2.0μg/mL各100mL（临用前配制）。

（4）试样的制备。试样应先摇匀。准确称取3 ~ 5g样品（精确至0.000 1g）于锥形瓶中，避免试样粘在瓶壁上，准确量取（30 ± 1）mL 3mol/L硫酸溶液，加入瓶中，用表面皿盖住，于105℃干燥箱内恒温16h。用圆形滤纸趁热将水解产物过滤至250mL容量瓶中。用10mL 3mol/L硫酸溶液分3次洗涤锥形瓶和滤纸，合并至上述容量瓶中，用水定容，摇匀。

（5）试样的测定。用移液管移取25.00mL的水解产物至250mL容量瓶中，用水定容摇匀。准确移取4.00mL上述溶液于50mL比色管中，同时移取不同浓度标准溶液4.00mL于50mL比色管中，向各试管加入2.00mL氯胺T试剂，混合后于室温下放置20min。加入2.00mL显色剂于比色管中，充分混合，用塑料薄膜将比色管封口。然后迅速将比色管放入60℃水浴中，加热20min。取出比色管，用流动水冷却比色管至少3min，在室温下放置30min。于558nm处用紫外可见分光光度计测定其吸光度。同时用水代替稀释溶液做空白试验，扣除空白溶液的吸收，从所得校准曲线查得水解产物中羟脯氨酸的含量。校准曲线见表2-13，在0 ~ 8.0μg/mL范围内，校准曲线方程为y=14.443 0x−0.517 9，R^2=0.999 5。

表2-13　浓度范围及校准曲线方程

浓度（μg/mL）	0	2.0	4.0	6.0	8.0	y=14.443 0x−0.517 9
吸光度	0.038 6	0.176 2	0.304 8	0.451 3	0.591 3	R^2=0.999 5

（6）结果计算。羟脯氨酸的含量按式（2-5）计算。

$$X = \frac{6.25c}{m} \times V \qquad (2\text{-}5)$$

式中：X为试样中羟脯氨酸的含量（%）；

c为由校准曲线得到的试样溶液中羟脯氨酸的浓度（μg/mL）；

m为试样质量（g）；

V为从250mL容量瓶中吸取滤液的体积（mL）。

（7）结果。

①准确度：取12个试样做加标回收率试验，其中6个试样加1.0μg标样，另外6个加入2.0μg标样，平行测6次，测定结果见表2-14，回收率为95.0% ~ 101.0%，平均回收率为98.1%，相对标准偏差为1.69%，准确度较好。

表2-14　加标回收率试验测定结果（n=6）

样品	测定值(μg)	加入量(μg)	加标后测定值(μg)	回收率(%)	平均回收率(%)	RSD(%)
1	1.20	1.0	2.18	98.0	98.1	1.69
2	1.45		2.40	95.0		
3	1.03		2.01	98.0		
4	2.03		3.02	99.0		
5	2.11		3.12	101.0		
6	1.33		2.30	97.0		
7	3.20	2.0	5.15	97.5		
8	1.48		3.42	97.0		
9	2.06		4.05	99.5		
10	0.98		2.99	100.5		
11	0.11		2.06	97.5		
12	2.89		4.84	97.5		

②精密度：取6个试样做精密度试验，每个样品分别测5次，测定结果见表2-15，RSD为0.70%～1.83%，符合精密度测定要求。

表2-15　精密度试验（n=5）

样品	测定值（μg）					平均测定值（μg）	RSD（%）
1	1.02	1.05	1.03	1.04	1.01	1.03	1.54
2	2.01	2.03	2.03	2.00	2.01	2.02	0.70
3	0.98	0.99	0.97	0.96	0.98	0.98	1.25
4	2.52	2.50	2.50	2.54	2.54	2.52	0.79
5	1.74	1.71	1.72	1.70	1.78	1.73	1.83
6	2.80	2.71	2.69	2.76	2.75	2.74	1.58

2.2.5.3 生乳中L-羟脯氨酸的测定——高效液相色谱法

（1）原理。样品经酸水解、过滤、氮气吹至近干，稀盐酸溶解，溶液经异硫氰酸苯酯（PITC）衍生生成苯胺基硫甲酰-羟脯氨酸（PTC-羟脯氨酸），注入液相色谱仪测定。外标法定量。

（2）试剂和材料。除非另有说明，在分析中仅使用确认为分析纯的试剂，水为GB/T 6682中规定的一级水。

①盐酸（HCl，ρ=1.19g/mL）：优级纯。

②甲醇（CH_3OH）：色谱纯。

③正己烷（C_6H_{14}）：色谱纯。

④盐酸溶液（0.02mol/L）：量取盐酸1.7mL，用水定容至1L，摇匀。

⑤三乙胺乙腈溶液（14%）：准确移取1.4mL三乙胺（$C_6H_{15}N$），用乙腈（CH_3CN，色谱纯）定容至10mL。

⑥异硫氰酸苯酯乙腈溶液（2.5%）：准确移取0.25mL异硫氰酸苯酯（C_7H_5NS），用乙腈定容至10mL。

⑦乙酸铵溶液（20mmol/L）：称取1.542g乙酸铵（$C_2H_7NO_2$，色谱纯），加水溶解后定容至1L。

⑧L-羟脯氨酸标准储备液（1 000mg/L）：称取100.0mg L-羟脯氨酸标准品（$C_5H_9NO_3$，CAS：51-25-4，纯度≥99.0%），用0.02mol/L盐酸溶液溶解后定容至100mL。于4℃冰箱内储存，有效期为6个月。

⑨L-羟脯氨酸标准工作液（10.0mg/L）：准确吸取1.00mL L-羟脯氨酸标准储备液于100mL的容量瓶内，用0.02mol/L盐酸溶液定容。于4℃冰箱内储存，有效期1周。

（3）仪器。

液相色谱仪：配有紫外检测器。

电热恒温干燥箱：±1℃。

玻璃水解管：配有聚四氟乙烯密封盖。

2.5mL衍生管。

分析天平：感量0.1mg。

定性滤纸：直径11cm。

氮吹仪。

涡旋振荡器。

恒温培养箱：±1℃。

高速离心机：可调15 000r/min，15℃。

0.45μm水相过滤膜，直径13mm。

（4）分析步骤。

①样品处理：准确吸取5.00mL混匀的生乳样品于玻璃水解管中，加5.00mL盐酸。摇匀密封后，置于110℃电热恒温干燥箱中水解12h（加热1h后取出，轻轻摇动玻璃水解管），取出冷却。摇匀后，打开玻璃水解管，经滤纸过滤。取0.25mL滤液于氮吹仪上吹至近干，残留物用0.50mL 0.02mol/L盐酸溶液溶解，待衍生化。

取上述溶液0.40mL于衍生管中（标准工作液与样品同步衍生），分别加入0.20mL 14%三乙胺乙腈溶液和0.20mL 2.5%异硫氰酸苯酯乙腈溶液，涡旋混匀，于恒温培养箱中30℃衍生15min。取出后加入0.80mL正己烷，涡旋30s后于高速离心机15℃，15 000r/min离心5min，取下层液体经水相过滤膜过滤作为试液。

②试液测定：

色谱参考条件

色谱柱：XBridge C18（4.6mm×250mm，5μm），或其他相当的色谱柱。

柱温：35℃。

流速：1.00mL/min。

进样体积：10μL。

检测波长：254nm。

流动相A为20mmol/L乙酸铵溶液，流动相B为甲醇。

液相色谱流动相梯度洗脱条件参见表2-16，也可根据仪器自身条件进行调整。

表2-16　高效液相色谱流动相梯度洗脱条件

序号	时间（min）	流速（mL/min）	流动相A（%）	流动相B（%）
1	0.0	1.0	90	10
2	5.0	1.0	90	10
3	5.1	1.0	5	95
4	15.0	1.0	5	95
5	15.5	1.0	90	10
6	20.0	1.0	90	10

定量测定

将衍生后的标准工作液和试液，注入液相色谱仪。按照保留时间定性，以标准工作液单点或多点进行校准，并用标准工作液峰面积比较定量。在上述色谱条件下，标准品色谱图参见图2-9。

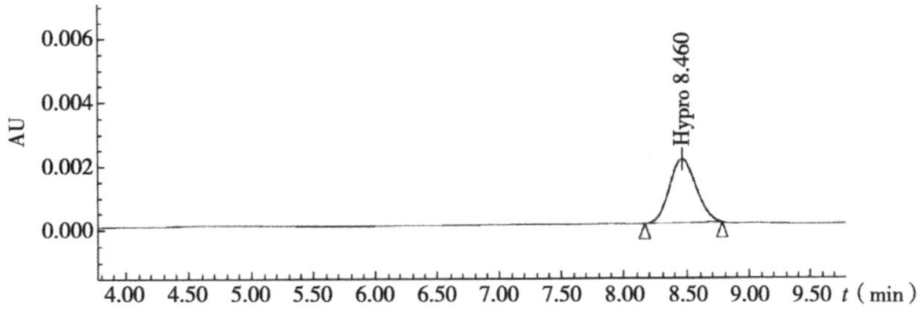

图2-9 高效液相色谱分离L-羟脯氨酸的标准图谱

（5）结果计算。样品中L-羟脯氨酸的含量以质量浓度X计，单位为“mg/L”，按式（2-6）计算。

$$X=\frac{A_1\times c_{s1}\times V_8\times V_6}{A_{s1}\times V_7\times V_5} \quad (2-6)$$

式中：A_1为试液中L-羟脯氨酸的峰面积；

c_{s1}为L-羟脯氨酸标准溶液的浓度（mg/L）；

V_8为氮吹后加入稀盐酸溶液定容的体积（mL）；

V_6为水解液的总体积（mL）；

A_{s1}为L-羟脯氨酸标准溶液的色谱峰面积；

V_7为氮吹前移取水解样液的取样量（mL）；

V_5为吸取生乳样品的体积（mL）。

结果保留3位有效数字。

（6）精密度。在重复性条件下获得的两次独立测定结果的绝对差值不得超过算术平均值的10%。

3 农药残留

3.1 概述

3.1.1 农药及农药残留简介

农药主要是指用来防治危害农林牧业生产的有害生物（害虫、害螨、线虫、病原菌、杂草及鼠类）和调节植物生长的化学药品，但通常也把改善有效成分物理、化学性状的各种助剂包括在内。需要指出的是，对于农药的含义和范围，不同的时代、不同的国家和地区有所差异。如美国，早期将农药称为“经济毒剂”，欧洲则称之为“农业化学品”，还有的书刊将农药定义为“除化肥以外的一切农用化学品”。20世纪80年代以前，农药的定义和范围偏重于强调对有害物的“杀死”，但80年代以来，农药的概念发生了很大的变化。如今，我们并不注重“杀死”，而是更注重“调节”，因此，将农药定义为“生物合理农药”“理想的环境化合物”“环境和谐农药”等。尽管有不同的表达，但今后农药的内涵必然是“对有害物高效，对非靶标生物及环境安全”。

农药的种类十分繁多，目前全世界共有几千个品种，我国常见农药也有几百种。随着生产的实际需要和农药工业的不断发展，农药新品种每年都在增加，因此有必要对农药进行科学分类，以便更好地对农药进行研究、使用和推广。

根据农药主要用途分为杀虫剂、杀螨剂、杀鼠剂、杀软体动物剂、杀菌剂、杀线虫剂、除草剂和植物生长调节剂等；按农药的来源可分为矿物源农药（无机化合物）、生物源农药（天然有机物、抗生素、微生物）及合成化学农药三大类；按农药的化学结构分为有机氯类农药、有机磷类农药、氨基甲酸酯类农药、拟除虫菊酯类农药、有机硫化物农药和有机金属化合物农药等。根据加工剂型可分为粉剂、可湿性粉剂、可溶性粉剂、乳剂、乳油、浓乳剂、乳膏、糊剂、胶体剂、熏烟剂、熏蒸剂、烟雾剂、油剂、颗粒剂和微粒剂等。大多数是液体或固体，少数是气体。其中，按农药的化学结构分类应用最为广泛。

农药残留是指喷施农药后残存于生物体、农副产品和环境中的农药原体、有毒代谢物和杂质的总称，还包括环境背景中存在的污染物或农药残留物的再次污染，存留的农药数量称为农药残留量。

农药作为食品的重要污染源，是威胁食品安全的重要因素之一。食品中的农药残留一般可来自3个方面：一是施药后对作物的直接污染；二是作物从污染的环境中对农药的吸收；三是食物链与生物富集效应（如生鲜乳中的农药残留与动物食用被污染的饲料有关等）。

农药残留分析是对待测样品中微量农药残留进行定性、定量分析，是为了评价农药残留的危害，保障人体健康，防止环境污染。有两个作用：一是为新农药开发登记提供在作物上的残留动态和最终残留资料，用于制定农药最大残留限量和合理使用准则；二是为评价农药对农畜产品和环境的污染和制定防治措施提供依据。农药残留分析是一门综合性很强、涉及面很广的分析学科。随着农药残留超标问题受到社会各界重视程度的提高，残留分析技术也在不断更新、完善和迅速发展。

3.1.2 农药残留分析检测技术

21世纪是人类关注健康和生命的世纪，农药作为食品和环境的重要污染物，其残留的检测技术越来越受关注。乳及乳制品的脂肪含量高，基质较为复杂，且农药含量极低，对于农药残留分析是极大的挑战。

经过几十年的发展对农药残留分析已经形成了一套比较成熟的体系，包括检测方法标准、农药残留限量标准、检测体系等。但是农药残留分析技术仍在不断发展，这其中主要涉及新型样品前处理方法和仪器检测方法的开发。近年来，以QuEChERS（Quick，Easy，Cheap，Effective，Rugged and Safe）为代表的样品前处理方法迅速发展，适用农产品由初始的蔬菜水果延伸到谷物和茶叶、生鲜乳等复杂的基质。对于检测手段，串联质谱已经成为农药残留检测的主流检测手段，先进的高分辨质谱也越来越多地应用到农产品中的农药残留筛查和测定。

3.1.2.1 农药残留分析前处理技术

当今农药残留分析检测技术白热化发展，为了检测各种农产品基质中不同种类不同含量的农药，有效的样品前处理是非常重要的。尤其是对于传统的液相色谱和气相色谱检测手段，更需要前处理技术对样品进行净化和富集。对于农产品的样品前处理，通常的流程是先使用溶剂将目标物从样品中萃取出来，然后通过合适的方法对萃取液进行富集和净化，最后进行仪器检测。传统的液液萃取以及近年来发展起来的一些新颖的样品前处理方法包括液相微萃取等。

固相萃取作为20世纪80年代中期发展起来的样品前处理技术，目前无论是净化材料种类、商品化SPE种类还是应用方法都已经非常成熟。目前常用的SPE填料有无机材料类包括硅胶、佛罗里硅土、氧化铝；键合硅胶类包括C18、C8、

SCX、SAX、NH2、PSA等；聚合物类包括聚苯乙烯-二乙烯苯、聚二乙烯苯、N-乙烯基吡咯烷酮等；复合物类包括NH2-GCB复合柱、PSA-GCB复合柱等。作为一种有效的样品富集和净化方法，SPE目前仍是实验室检测和科学研究中一种重要的样品前处理手段，在日常检测和污染物监测研究中仍大量使用。但是由于SPE技术本身已经非常成熟，加之新型的样品前处理技术如QuEChERS等的出现，近几年单独使用SPE技术的农药残留方法开发研究报道较少，而且多集中在基质非常复杂的农产品如茶叶、谷物等的农药残留分析。

分散固相萃取（dSPE）是将固相萃取净化材料分散在样品的萃取液中，以去除萃取液中的各类干扰物质的一种样品净化方法。目前与该方法结合应用最为广泛的是QuEChERS方法。QuEChERS方法是由美国农业部科学家Anastassiades等开发的一种快速高效的样品前处理方法。

QuEChERS法能对生鲜乳中的大量水分、蛋白质和少量油脂有好的去除效果，同时还可以除去其他一些非极性的杂质。该方法的优点是具有高的回收率、准确的测定结果，这可以减少试剂的成本。另外，玻璃仪器的使用和劳动成本也会降低。广泛的应用范围以及操作的简易性使得该方法成为残留物分析的首选方法。

该方法最初是应用于含水量高于75%的水果和蔬菜中农药多残留的提取和净化。在最初的QuEChERS方法中，通过对提取溶剂、相分离和净化等进行优化后确定最终的方法。将10g样品置入离心管中，加入10mL的乙腈，加入4g无水硫酸镁和1g氯化钠，立即涡旋混匀防止硫酸镁吸水结块；样品经5 000r/min离心5min后，取1mL上清液加入含有25mg乙二胺-N-丙基硅烷（PSA）和150mg无水硫酸镁的离心管中涡旋30s；6 000r/min离心1min后取上清液进行GC-MS分析。该方法使用缓冲液体系提取农药提高了酸碱敏感农药的回收率，同时使用dSPE替代了传统复杂的SPE净化过程，显著提高了样品前处理效率。

QuEChERS方法主要包括两个步骤：一是样品提取，二是分散固相萃取。通过对两个步骤的改进，使得QuEChERS方法应用范围更加广泛，而不仅限于蔬菜和水果。缓冲盐体系的加入将最初的QuEChERS方法演变成两个官方版本即AOAC方法和CEN方法。AOAC方法使用醋酸盐缓冲体系，CEN方法使用柠檬酸盐缓冲体系，两个缓冲盐体系使样品提取环境pH值维持在5左右，从而提高酸碱不稳定农药的回收率。这两个版本的官方方法自发布以来在世界范围内的很多实验室进行了验证，并作为标准方法使用。

加速溶剂萃取是美国戴安公司推出的一种全新的处理样品的前处理方法。该法是根据溶质在不同溶剂中溶解度不同的原理，采用常规溶剂，在较高的温度（50～200℃）和压力（10.3～20.6MPa）条件下，增加物质溶解度和溶质扩散效率，提高萃取效率，对固体或半固体样品进行萃取的新颖的样品前处理方法。

此法已经广泛运用于环境、药物、食品和高聚物等样品的前处理，特别是农药残留分析的样品前处理中。与其他样品前处理方法相比，加速溶剂萃取具有操作简便、省时、自动化程度高等特点，但设备专用，仪器费用高，不易普及。

除固相萃取和分散固相萃取外，还有其他基于吸附材料的提取和净化方法，包括基质固相分散、固相微萃取（SPME）、磁性固相萃取等应用于农药残留分析中。但是由于SPME所使用固相涂层种类还不多，限制了它的应用范围和联动技术。发展高选择性、高效固相涂层材料是SPME方法研究的重要方向。

对检测方法的灵敏度有越来越高的要求，选择好的前处理方式能很好地提高检测的灵敏度，更有利于达到欧盟的检测要求。各种前处理方式各有优缺点，根据生鲜乳样品的特殊性，使用合适的前处理方式可以达到对生鲜乳样品的更好检测。随着人民对残留检测的要求越来越高，前处理检测技术将不断被优化，新的前处理技术将不断地被开发。将来的前处理技术趋势是发展少用有毒有机溶剂、简单快速便宜、适用特殊需求、能处理复杂介质中的痕量成分的方法，并发展方法的联用与自动化。

3.1.2.2 农药残留分析检测技术

农药残留量分析检测的对象是微量或超微量的目标物，由于农药的品种繁多，各种农药的化学结构各异，不同的农药需采用不同的检测方法。

（1）仪器分析法。农药残留检测中最经典、最常用的技术，可以保证数据的精确性和准确性，在农药检测技术中，其地位是不可替代的。食品中农药残留所用的主要检测技术有酶联免疫分析（ELISA）、生物传感器（BS）、气相色谱（GC）、气相色谱-质谱联用（GC-MSn）、液相色谱（HPLC）、液相色谱-质谱联用（LC-MSn）、薄层色谱（TLC）、毛细管电泳（CE）、超临界流体色谱（SFC）及近年来逐渐发展的高分辨质谱（HRMS）。

（2）酶抑制法。酶抑制法是较为成熟的一种生鲜乳中农药残留快速检测技术。酶抑制法已经广泛应用于生鲜乳中农药残留的现场检测，成为仪器分析法的有效补充方法。虽然目前酶抑制法只能对有机磷类和氨基甲酸酯类农药进行测定，但仍是生鲜乳中农药残留快速检测的首选方法之一。酶抑制法的优点是快速、操作方法简单、无须仪器或仪器较为简单，适用于现场的定性和半定量测定及多样品的筛选检测。但该方法只适用于部分农药的快速检测，并且其灵敏度和所使用的酶、显色反应的时间和温度都有密切的关系，因此具有一定的局限性。

（3）生物传感器。生物传感器是目前生鲜乳农药残留检测技术中的研究热点，使用该方法检测的样品一般不需要前期处理，也不需要另外添加其他的试剂；样品的检测和被测成分的分离可以同时完成；可以实现对待测样品的实时监测和自动化的测量；样品的需要量少，并且可反复多次使用。但是生物传感器检测的重现性和结果稳定性存在着问题，影响了该技术的推广应用。

（4）气相色谱技术。在农药残留检测中应用较为广泛，在应用中体现出高灵敏度、高分离效能及高选择性的特点，其包括气固色谱技术与气液色谱技术两种。其应用原理是用气体的流动特质作为流动相，对待检测样品进行色谱柱分析，基于物质之间分配及反应特性对其进行相关分离，从而对检测样品中所含有的农药成分进行分析，其应用优势大小与其检测器的性能密不可分。

其检测器可供选择的种类很多，如电子捕获检测器、电化学检测器、火焰光度检测器和氮磷检测器等。不同检测器也具有一定的应用差异，需要根据农药特性选择对应的检测器。氢火焰离子化检测器对烃类化合物具有较高的灵敏性，几乎对现有的有机物都可产生响应。而电子捕获技术检测器在有机氯的分析中灵敏度较高。火焰光度检测器的应用原理为化学火焰发光原理，只对化合物磷、硫产生响应。

（5）色谱串联质谱检测技术。液相色谱/气相色谱-串联质谱是目前农药残留分析最常用、最普遍的检测手段。单四极杆、三重四极杆（QqQ）、三维离子阱质谱（3DIT）、四极杆串联线性离子阱（QqLIT）都可以作为质谱检测器进行农药残留分析。但是由于HPLC-MS中单四极杆质谱因很难获得需要的碎片离子，不能够满足EU质谱方法标准，因而HPLC-MS中单四极杆在20世纪90年代末就逐渐被HPLC-QqQ替代。对于GC-MS，在使用SIM模式时仍难避免基质的干扰，尤其是对于复杂样品基质，而且灵敏度也不能满足现在农药残留分析的要求，因此GC-MS现在也逐步被GC-QqQ取代。三重四极杆在多反应监测（MRM）模式下运行具有良好的基质抗干扰能力，以及较宽的线性范围。目前农药多残留检测方法开发研究大部分都是使用气相色谱-三重四极杆联用仪或液相色谱-三重四极杆联用仪进行测定。随着质谱技术的发展，质谱的扫描速率逐渐提高，三重四极杆单针进样能够检测更多的农药。

除三重四极杆质谱检测器外，近年来使用HPLC-QqLIT质谱检测器进行农药多残留检测的研究也逐渐增多。四极杆串联线性离子阱将三重四极杆扫描方式和灵敏的LIT扫描结合起来，四极杆串联线性离子阱可以作为三重四极杆进行常规的MRM、中性丢失扫描等功能，也可在LIT模式下运行增强全扫描（EMS）、增强子离子扫描（EPI）、MS3等功能。在EPI模式下，质谱可同时采集MRM数据和母离子的子离子全扫图，通过谱库检索或标样图谱对比增强目标物定性能力，减少假阳性的发生。

（6）高分辨质谱技术。虽然使用串联质谱在MRM模式下进行农药多残留检测是目前应用最为广泛也是最为有效的方法，但是它仍有一定的局限性：一是一次检测只能测定有限的农药；二是只能检测仪器方法中设定的农药品种，而不能对数据进行回顾分析；三是必须使用标样进行定性和定量；四是不能进行未知物的筛查。为了解决以上问题，近年来高分辨质谱（HRMS）越来越多地应用到农药残留的筛查和检测中。目前最常用的高分辨质谱仪为飞行时间质谱（TOF）和静电轨道阱质谱（Orbitrap），这两种质谱因其相对简单的维护、较高的质量分辨率和较宽的线性范围而受到广泛的关注，且四极杆串联高分辨质谱（Q-TOF、Q-Orbitrap）是现在发展和应用的趋势。

3.1.3 生鲜乳中农药残留的来源与危害

3.1.3.1 生鲜乳中农药残留的来源

生鲜乳中农药残留是影响乳制品安全的重要隐患之一，奶牛饮水、精料补充料和粗饲料是生鲜乳的三大主要组成部分，确认三者的农药残留状况对于保障生鲜乳的安全性有重要意义。生鲜乳中的农药残留来源途径有多种，主要来源如下。

饲草料是养殖成本中的重中之重，是重要的投入品之一，饲草质量直接影响生鲜乳的产量和品质。由于饲草料外购为主，种植过程中农民使用农药不能进行有效监管且牛场对农药残留认识不到位，重视程度也不够，缺少对农药残留的检测控制技术，农药残留往往被忽视。动物食用含有农药残留的植物或饲料后通过食物链在体内蓄积，尤其是植物性原料中农药残留，如玉米、糠麸、青绿饲料等。应引导有条件的牛场自己配套种植饲草料特别是使用量大的青贮料，并合理使用农药，最大限度地降低农药使用量，确保饲草料中农药残留得到有效控制。

只有健康的奶牛才能生产出高品质的生鲜乳。控制奶牛身上的真菌、细菌、线虫等及周围苍蝇、蚊子时，使用的杀虫剂可能会有机地混入生鲜乳中。

水也是重要的投入品之一，水的质量安全主要控制奶牛饮用水和清洗挤奶设备管道用水。在水的使用中，防止因管理不到位造成地表水等的进入而污染水源，如受污染的地表水和雨水的进入可能导致井水中农药残留。

药品也是重要的投入品之一，药品的质量安全控制主要是指农药、兽药和清洗剂、消毒剂的管控，管理和使用不当会导致饲草料农药残留，最终影响生鲜乳的质量安全。农药残留主要来源于采购的饲草料以及夹带的泥土。

生鲜乳中可能存在的农药除了农药施用后的残留外，还有另外一种重要的进入方式——投毒。我国是一个经济处在变革中的农业大国，随着近年来经济体制和社会结构的转型，社会矛盾在短时间内不断加剧，使一些人对金钱、地位、情感追求产生错位，导致他们用极端的手段报复社会和其敌视人群。投毒作为一种极具隐蔽性的行为方式，被害人在毫无防范的状态下受害，是报复的常用手段之一。在科学技术高速发展的今天，某些科技成果的运用，好像给这种传统的投毒犯罪注入了新的催化剂，使得这种犯罪迅速膨胀，其案发上升速度之快、后果之严重，令人触目惊心。环境中的农药一般通过皮肤、呼吸道和消化道3条途径进入人、畜体。因消化道对农药的吸收能力最强，危险性也最大，常见农药急性中毒事故大都是误食一些农药污染的食品引起的。生鲜乳作为一种投毒的对象之一，目前已经有多家乳品企业相继发生毒牛奶案，这些投毒事件的发生都应引起我们的重视。引起急性中毒的农药主要是高毒的有机磷和氨基甲酸酯类杀虫剂、杀鼠剂等。

3.1.3.2 生鲜乳中农药残留的危害

由于农药的广泛使用以及在使用过程中存在的不合理使用及滥用现象，导致农药在环境以及动植物体内积累，并通过食物链转移至牛奶等奶制品中。长期食用含有农药及相关化学品残留的牛奶和奶粉必然会对人体健康产生不利影响。国内外毒理学专家经过大量的试验研究证明，生鲜乳中农药残留污染对人体健康的危害属于长时期、微剂量及慢性细微毒性效应。这种毒性效应起病缓慢、持续期长、涉及面广、影响人数多，可以在人体生理、自身免疫功能、致癌、致畸及致突变等方面反映出来。具体表现如下。

（1）对成人的危害。导致身体免疫力下降，如经常性的感冒、头晕、心悸、盗汗、失眠、健忘等。可能致癌，残留农药中常常含有的化学物质可促使组织内细胞发生癌变，如菊酯类农药可使神经细胞病变，有机氯类农药可使神经端从前膜发生病变，损害神经元，导致神经中枢死亡。加重肝脏负担，残留农药进入体内，主要依靠肝脏制造酶来吸收这些毒素，进行氧化分解。如果长期食用带有农药残留的食品，肝脏就会不停地工作来分解这些毒素，长时间的工作会引起肝硬化、肝积水等一些肝脏病变。导致胃肠道疾病，由于胃肠道消化系统胃壁褶皱较多，易存毒物，这样残留农药容易积存在其中，引起慢性腹泻、恶心、肠炎等症状。

（2）对儿童的危害。对新生儿及幼儿大脑发育、智商发育有严重影响。只要百万分之三克的残留农药就会使7岁前的儿童出现脑发育障碍。由于儿童处于生长发育期，生长迅速的细胞较成人比较静止的细胞更易受到致癌农药的影响。有关资料调查，我国农村40%～50%的儿童白血病患者中，其发病诱因或直接原因就是化学农药。造成性早熟，残留农药会危害16岁前的孩子的生长发育环境激素，是全世界公认的造成人异常生长发育的主要凶手。4岁的小女孩乳房几乎完全成熟，5岁的孩子有了月经，这样的现象在全国各个儿童医院会见到很多，造成严重疾病。科学家的研究表明，当学龄前的儿童接触8种以上农药时可能致癌。长期接触有机磷农药会损伤孩子的视机能，表现出近视、水肿的症状。医学研究证实，几乎所有的农药都会对孩子的免疫系统造成伤害，对疾病的抵抗力下降。

（3）对孕妇的危害。使受孕率下降。据统计，我国目前每8对夫妻就有一对不育，农药残留是造成如此高不孕不育率的主要原因之一。使已怀孕的妈妈流产、死胎或生出畸形儿。农药残留造成孕妇流产、死胎和胎儿畸形已为世界所公认。农药对胎儿危害明显的时期是怀孕初期，也是胎儿器官的发生期。长期食用受污染的食物，是导致胎儿早夭、早衰等疾病的重要原因。

因此，对于生鲜乳中的慢性农药中毒更应该给予足够的重视。此外，农药残留可以通过食物链蓄积，乳类处于营养链的最高级，可以将乳类作为环境污染程度的标记物。

3.1.4 生鲜乳中农药残留关键控制点

从农药生产、使用到牛奶中农药残留的整个污染途径分析，提出以下3个关键控制点：一是农药污染农作物造成饲料原料污染；二是奶牛进食农药污染的饲料造成原料奶污染；三是原料奶加工过程控制不严格引入污染。根据我国农药使用和管理控制情况，对农药污染农作物造成饲料原料污染这一关键控制点如下。

（1）农业生产中合理规范使用农药。在使用农药时，要明确防治对象，用药时期，做到对症施药，防止滥用；准确计量，施药次数合理，防止盲目过量用药；选择最佳的施药方法和性能好的施药设备；留足施药安全间隔期，最大限度地减少农药残留。我国已经制定（修订）并发布了《农药合理使用准则》国家标准，规定了农药使用过程各项事项，在农业生产中应严格执行。

（2）研究和开发高效低残留的无公害农药。改善农药本身的理化性质，减少农药的毒性和残留将会显著降低农作物中的农药残留。生产企业应加大产品研发力度，禁止高毒高残农药的生产。

（3）加强饲料原料质量控制。加强饲料原料质量控制是保证饲料中农药残留不超标的决定环节。生产企业不能一味追求低成本，而放松原料质量检测与控制。

（4）加强饲料中农药残留限量的监测。饲料中农药残留监测将有力地促进饲料质量的提高。饲料质量监督检验单位、技术监督单位及其他相关部门应加强合作，充分认识到农药残留限量监测工作的重要性，加强立法与监督。优选各种饲料原料，合理搭配奶牛饲料结构，减少蔬菜类青绿饲料使用种类及使用量，控制各种饲料原料的农药残留量。合作社和农户饲养模式都为农户各自饲养管理奶牛，各农户饲喂奶牛的饲料原料来源各不相同，奶牛饲料结构也不相同，因此不可能统一控制奶牛进食饲料的农药污染，针对这一情况农药残留污染控制措施可采取选用优质安全的精饲料。青贮料青贮过程禁止使用农药防虫和鼠害。在蔬菜类青绿饲料使用时，禁止使用紫花菜、菠菜等农药残留严重的蔬菜，并减少蔬菜使用种类。蔬菜饲喂奶牛之前，应认真用水清洗蔬菜。原料奶加工企业，定期抽检奶牛饲养户原料奶样品，进行测定。抽检奶样不合格的饲养户，对该饲养户奶牛进食的各种饲料样品进行检测。

3.1.5 生鲜乳中农药残留研究的现状与意义

除膳食纤维外，乳中含有人体所需要的全部营养物质，被公认为是迄今为止的一种比较理想的完全食品。有人说牛奶是“人类的保姆”，20世纪60年代以后世界牛奶的生产和消费量剧增，原不习惯牛奶的印度和日本成功地实行了发展奶业的“白色革命”。奶业的发展对农业结构的调整、改善消费结构、提高人民身体健康、增加农民收入等都具有重大的意义。

在世界经济一体化趋势不断加快的今天，发达国家筑起的“技术壁垒”日益强化，作为乳及乳制品的进出口大国，近年来我国乳业的发展成果显著，人均乳制品消费量已快速提升至约20.7kg。乳制品已成为继粮食、肉类、水产之后人民生活必需的食品。随着生鲜乳消费量的增加，人民对牛奶安全问题提出更高要求，我国的乳品屡遭质疑。各国政府不断修订乳及乳制品中农药最高残留限量，新修订的标准越来越严，限量越来越低，且大多数国家及地区对杀虫剂、除草剂和杀菌剂3类农药都进行了较多的限定。

日本共制订了300多种农药在奶中的农药残留最大限量值，且大多数农药已达到了“一律不准”，其中杀扑磷更是低至0.001mg/kg；2014年8月1日实施的中国香港《食物内除害剂残余规例》制订了牛奶中142种农药残留限量，其中杀扑磷低至0.001mg/kg，七氯为0.006mg/kg，异狄氏剂为0.000 8mg/kg，嘧菌环胺更是低至0.000 4mg/kg；欧盟共制订了460多种农药在奶中的最大残留限量，其中林丹低至0.001mg/kg；美国共制订了牛奶中190余种农药的最大残留限量，其中乐果低至0.002mg/kg；澳大利亚共制订了牛奶中227种农药的最大残留限量，其中醚菌酯低至0.001mg/kg。其中，欧盟、日本和澳大利亚在乳及乳制品中农药残留方面的规定最严格，限定的种类最多。

我国在20世纪70年代初期开始关注乳制品中农药残留污染的问题。生鲜乳中有机磷农药残留含量是影响生鲜乳质量安全的重要因素之一。在我国农业行业标准中规定了牛乳中甲胺磷、倍硫磷、久效磷、甲拌磷、杀扑磷等有机磷农药残留的限量标准。无论是农药品种，还是农药残留指标数都远远低于发达国家和国际组织，使我国的乳品安全问题存在隐患。

在现代集约化养殖的今天，生鲜乳中出现的农药残留问题需进一步改进和完善检测方法，生鲜乳中农药残留的检测是防止农药慢性中毒的控制手段，是监控人类在农药污染环境中暴露程度的有效手段，建立快速、简便，多农药同时检测方法对食品安全和奶牛疾病防控均具有重要意义。

3.2 检测技术应用

由于生鲜乳中存在较多的脂肪和蛋白质，把生鲜乳中的农药残留和杂质分离出来，要对生鲜乳进行必要的前处理，净化样品有效的提取目标物。近年来，生鲜乳中农药残留的检测方法，其中应用了不同的前处理方法，增加对目标分析物的净化效果与浓缩，进而选择灵敏度高、准确度好的仪器，适应现代高效、快节奏社会要求的生鲜乳中农药残留检测技术。

3.2.1 液相色谱-串联质谱法检测生鲜乳中农药残留

《牛奶和奶粉中493种农药及相关化学品残留量的测定　液相色谱-串联质谱法》（GB/T 23211—2008）

1　范围

本标准规定了牛奶和奶粉中493种农药及相关化学品残留量液相色谱-串联质谱测定方法。

本标准适用于牛奶中482种农药及相关化学品的定性鉴别，441种农药及相关化学品的定量测定；适用于奶粉中481种农药及相关化学品的定性鉴别，427种农药及相关化学品的定量测定。

本标准定量测定的牛奶中441种农药及相关化学品的方法检出限为0.01μg/L至2.41mg/L；定量测定的奶粉中427种农药及相关化学品的方法检出限为0.04μg/L至8.04mg/L。

2　规范性引用文件

下列文件中的条款通过本标准的引用而成为本标准的条款。凡是注日期的引用文件，其随后所有的修改单（不包括勘误的内容）或修订版均不适用于本标准，然而，鼓励根据本标准达成协议的各方研究是否可使用这些文件的最新版本。凡是不注日期的引用文件，其最新版本适用于本标准。

GB/T 6379.1 测量方法与结果的准确度（正确度与精密度）第1部分：总则与定义（GB/T 6379.1—2004，ISO 5725-1：1994，IDT）

GB/T 6379.2 测量方法与结果的准确度（正确度与精密度）第2部分：确定标准测量方法重复性与再现性的基本方法（GB/T 6379.2—2004，ISO 5725-2：1994，IDT）

GB/T 6682 分析实验室用水规格和试验方法（GB/T 6682—2008，ISO 3696：1987，MOD）

3 原理

用乙腈提取试样，C18固相萃取柱净化，用乙腈洗脱农药及相关化学品，液相色谱–串联质谱仪测定，外标法定量。

4 试剂和材料

水为GB/T 6682规定的一级水。

乙腈：色谱纯。

丙酮：色谱纯。

异辛烷：色谱纯。

甲苯：色谱纯。

正己烷：色谱纯。

甲醇：色谱纯。

甲酸：优级纯。

乙酸铵：优级纯。

0.1%甲酸溶液。

5mmol/L乙酸铵溶液。

乙腈+水（3+2，体积比）。

氯化钠：分析纯。

硫酸镁（$MgSO_4 \cdot 7H_2O$）：分析纯。

农药及相关化学品标准物质：纯度≥95%。

标准储备液：分别称取5~10mg（精确至0.1mg）农药及相关化学品各标准物分别于10mL容量瓶中，根据标准物的溶解度选甲醇、甲苯、丙酮、乙腈或异辛烷溶解并定容至刻度。标准储备液避光4℃保存，可使用1年。

混合标准溶液（混合标准溶液A、B、C、D、E、F和G）：按照农药及相关化学品的保留时间，将493种农药及相关化学品分成A、B、C、D、E、F和G 7个组，并根据每种农药及相关化学品在仪器上的响应灵敏度，确定其在混合标准溶液中的浓度。

依据每种农药及相关化学品的分组、混合标准溶液浓度及其标准储备液的浓度，移取一定量的单个农药及相关化学品标准储备液于100mL容量瓶中，用甲醇定容至刻度，混合标准溶液避光4℃保存，可使用1个月。

基质混合标准工作液：农药及相关化学品基质混合标准工作液是用样品空白溶液配成不同浓度的基质混合标准工作液A、B、C、D、E、F和G，用于做标准工作曲线。基质混合标准工作液应现用现配。

微孔过滤膜（尼龙）：13mm × 0.2μm。

ENVI™-18固相萃取柱：12mL，2000mg或相当者。

5 仪器

液相色谱-串联质谱仪：配有电喷雾离子源。

分析天平：感量0.1mg和0.01g。

具塞离心管：50mL。

均质器：最低转速不低于12 000r/min。

离心机：最低转速不低于4 200r/min。

鸡心瓶：100mL。

移液器：1mL和10mL。

旋转蒸发器。

氮气吹干仪。

样品瓶：2mL，带聚四氟乙烯旋盖。

6 试样保存

奶粉试样密封常温保存；牛奶试样置于0～4℃保存。

7 测定步骤

7.1 提取

奶粉：称取3.0g奶粉（精确至0.01g）于50mL离心管中，加入20mL乙腈以及4g硫酸镁，用均质器15 000r/min均质提取1min，在4 200r/min条件下离心5min。上清液收集于100mL鸡心瓶中，残渣用20mL乙腈重复提取一次，离心后，合并两次提取液，于40℃水浴旋转蒸发至1mL左右，待净化。

牛奶：量取10mL牛奶于50mL离心管中，加入20mL乙腈以及4g硫酸镁和1g氯化钠。于振荡器上剧烈振荡10min，在4 200r/min条件下离心8min，收集上清液于100mL鸡心瓶中，残液用20mL乙腈重复提取一次，离心后，合并两次提取液，于40℃水浴旋转蒸发至1mL左右，待净化。

7.2 净化

用10mL乙腈活化ENVI™-18固相萃取柱后，将浓缩的提取液转移至固相萃取柱中。用5mL乙腈洗涤样品瓶，将洗涤液并入固相萃取柱中，重复此操作两次。收集流出液于100mL鸡心瓶中，用10mL乙腈洗脱固相萃取柱，合并流出液。40℃水浴旋转蒸发至0.5mL左右。于45℃下氮气吹干，用1mL乙腈+水（3+2，体积比）定容，经0.2μm微孔滤膜过滤，供液相色谱-串联质谱仪分析。

同时取不含农药及相关化学品的牛奶或奶粉样品，按7.1和7.2步骤制备样品空白提取液，用于配制基质混合标准工作液。

7.3 液相色谱-串联质谱测定

7.3.1 A、B、C、D、E和F组条件

（a）色谱柱：ZORBAX SB-C18，3.5μm，100mm × 2.1mm（内径）或相当者。

（b）流动相及梯度洗脱条件见表1。

表1 流动相及梯度洗脱条件

步骤	总时间(min)	流速(μL/min)	流动相A(0.1%甲酸水)(%)	流动相B(乙腈)(%)
0	0.00	400	99.0	1.0
1	3.00	400	70.0	30.0
2	6.00	400	60.0	40.0
3	9.00	400	60.0	40.0
4	15.00	400	40.0	60.0
5	19.00	400	1.0	99.0
6	23.00	400	1.0	99.0
7	23.01	400	99.0	1.0

（c）柱温：40℃。

（d）进样量：10μL。

（e）电离源模式：电喷雾离子化。

（f）电离源极性：正模式。

（g）雾化气：氮气。

（h）雾化气压力：0.28MPa。

（i）离子喷雾电压：4 000V。

（j）干燥气温度：350℃。

（k）干燥气流速：10L/min。

7.3.2 G组测定条件

（a）色谱柱：ZORBAX SB-C18，3.5μm，100mm × 2.1mm（内径）或相当者。

（b）流动相及梯度洗脱条件见表2。

表2 流动相及梯度洗脱条件

步骤	总时间(min)	流速(μL/min)	流动相A(5mmol/L乙酸铵水)(%)	流动相B(乙腈)(%)
0	0.00	400	99.0	1.0
1	3.00	400	70.0	30.0
2	6.00	400	60.0	40.0
3	9.00	400	60.0	40.0
4	15.00	400	40.0	60.0
5	19.00	400	1.0	99.0
6	23.00	400	1.0	99.0
7	23.01	400	99.0	1.0

（c）柱温：40℃。

（d）进样量：10μL。

（e）电离源模式：电喷雾离子化。

（f）电离源极性：负模式。

（g）雾化气：氮气。

（h）雾化气压力：0.28MPa。

（i）离子喷雾电压：4 000V。

（j）干燥气温度：350℃。

（k）干燥气流速：10L/min。

7.3.3 定性测定

在相同试验条件下进行样品测定时，如果检出的色谱峰的保留时间与标准样品相一致，并且在扣除背景后的样品质谱图中，所选择的离子均出现，而且所选择的离子丰度比与标准样品的离子丰度比相一致（相对丰度≥50%，允许±20%偏差；相对丰度20%~50%，允许±25%偏差；相对丰度10%~20%，允许±30%偏差；相对丰度≤10%，允许±50%偏差），则可判断样品中存在这种农药或相关化学品。

7.3.4 定量测定

本标准中液相色谱–串联质谱采用外标–校准曲线法定量测定。为减少基质对定量测定的影响，定量用标准溶液应采用基质混合标准工作液绘制标准曲线，并且保证所测样品中农药及相关化学品的响应值均在仪器的线性范围内。

7.4 平行试验

按以上步骤对同一试样进行平行试验。

7.5 空白试验

除不称取试样外，均按上述步骤进行。

8 结果计算

液相色谱-串联质谱测定采用标准曲线法定量，标准曲线法定量结果按式（1）计算:

$$X_i = c_i \times \frac{V}{m} \times \frac{1\,000}{1\,000} \quad (1)$$

式中：X_i为试样中被测组分残留量（奶粉以mg/kg计，牛奶以mg/L计）；

c_i为从标准曲线上得到的被测组分溶液浓度（μg/mL）；

V为样品溶液定容体积（mL）；

m为样品溶液所代表试样的质量或体积（奶粉以g计，牛奶以mL计）。

计算结果应扣除空白值。

9 色谱图

以标准中C组标准溶液色谱图为例：

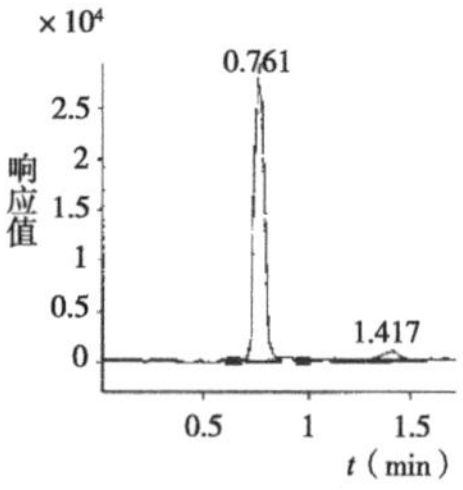

152.抑芽丹（maleic hydrazide）

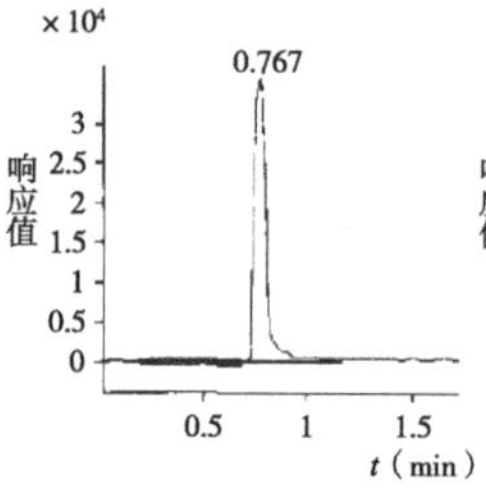

153.甲胺磷（methamidophos）

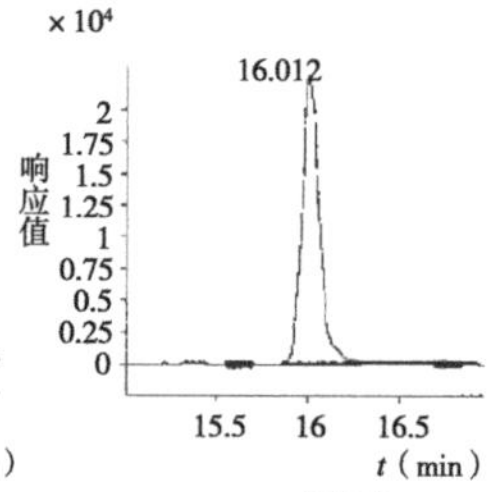

154.茵草敌（EPTC）

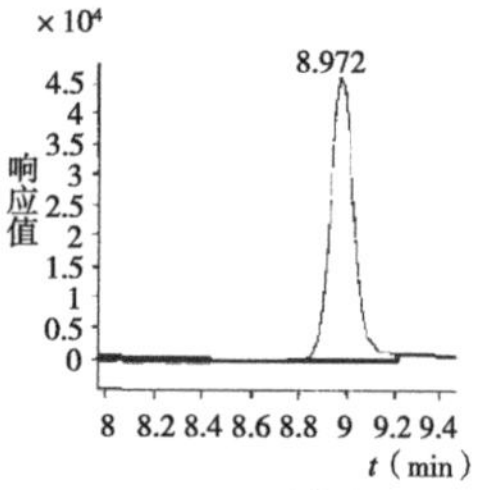

155.避蚊胺（diethyltoluamide）

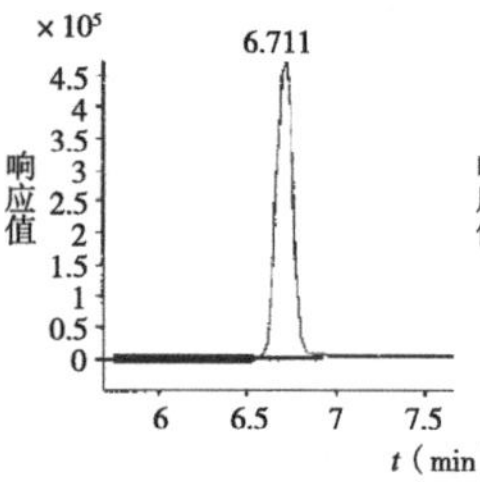

156.灭草隆（monuron）

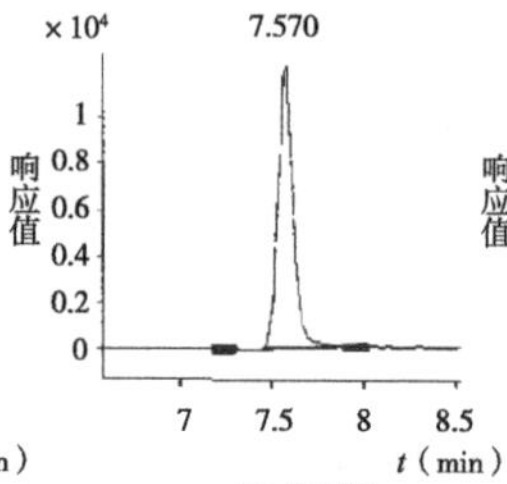

157.嘧霉胺（pyrimethanil）

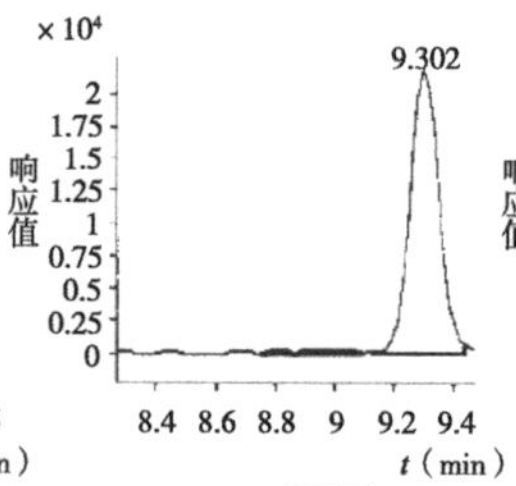

158.黑穗胺（fenfuram）

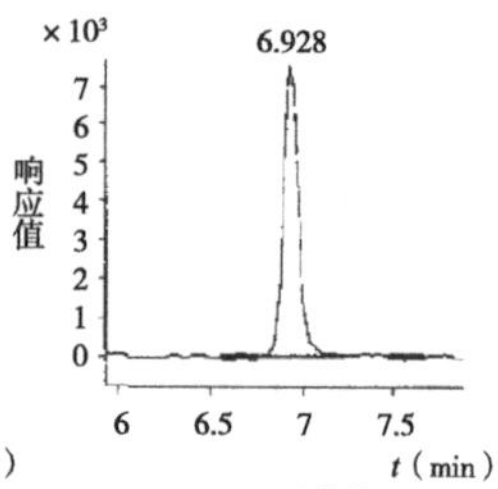

159.灭藻醌（quinoclamine）

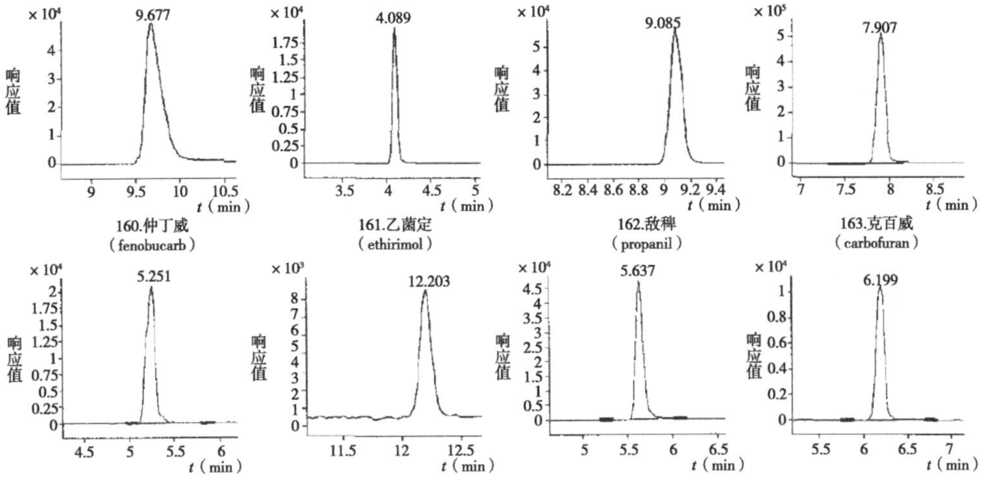

160.仲丁威（fenobucarb） 161.乙菌定（ethirimol） 162.敌稗（propanil） 163.克百威（carbofuran）

164.啶虫清（acetamiprid） 165.嘧菌胺（mepanipyrim） 166.扑灭通（prometon） 167.甲氧隆（metoxuron）

3.2.2　气相色谱-质谱法检测生鲜乳中农药残留

《牛奶和奶粉中啶酰菌胺残留量的测定　气相色谱-质谱法》（GB/T 22979—2008）

1　范围

本标准规定了牛奶和奶粉中啶酰菌胺残留量的气相色谱-质谱测定方法。

本标准适用于牛奶和奶粉中啶酰菌胺残留量的测定。

本标准方法检出限：牛奶为0.010mg/kg，奶粉为0.080mg/kg。

2　规范性引用文件

下列文件中的条款通过本标准的引用而成为本标准的条款。凡是注日期的引用文件，其随后所有的修改单（不包括勘误的内容）或修订版均不适用于本标准，然而，鼓励根据本标准达成协议的各方研究是否可使用这些文件的最新版本。凡是不注日期的引用文件，其最新版本适用于本标准。

GB/T 6379.1 测量方法与结果的准确度（正确度与精密度）第1部分：总则与定义（GB/T 6379.1—2004，ISO 5725-1：1994，IDT）

GB/T 6379.2 测量方法与结果的准确度（正确度与精密度）第2部分：确定标准测量方法重复性与再现性的基本方法（GB/T 6379.2—2004，ISO 5725-2：1994，IDT）

GB/T 6682 分析实验室用水规格和试验方法（GB/T 6682—2008，ISO 3696：1987，MOD）

3 原理

试样中的啶酰菌胺用乙腈提取，提取液经盐析、离心、浓缩和溶剂交换后，经凝胶渗透色谱净化，用气相色谱–质谱仪测定，外标法定量。

4 试剂和材料

除另有说明外，所用试剂均为分析纯，水为GB/T 6682规定的一级水。

乙腈：色谱纯。

乙酸乙酯：色谱纯。

环己烷：色谱纯。

无水硫酸钠：650℃灼烧4h，在干燥器内冷却至室温，贮于密封瓶中备用。

氯化钠。

乙酸乙酯–环己烷溶液：将乙酸乙酯与环己烷按照1∶1体积比进行混合。

啶酰菌胺标准品：纯度大于98%。

啶酰菌胺标准储备液：准确称取一定量的啶酰菌胺标准品，用乙酸乙酯–环己烷溶液配成0.10mg/mL的标准储备液，于4℃避光保存。

啶酰菌胺标准工作液：根据需要吸取适量的啶酰菌胺标准储备液，用乙酸乙酯–环己烷溶液逐级稀释成适当浓度的标准工作液，于4℃避光保存。

啶酰菌胺基质标准工作液：根据需要吸取适量的啶酰菌胺标准工作液，用阴性样品提取液配制成浓度范围在0.010～0.50μg/mL的系列基质标准工作液，该溶液应现用现配。

滤膜：0.2μm。

5 仪器和设备

气相色谱–质谱仪：配有电子轰击源（EI）。

凝胶渗透色谱仪：配有凝胶渗透色谱柱。

分析天平：感量0.1mg和0.01g。

均质器。

旋转蒸发器。

超声波清洗器。

离心机：转速不小于10 000r/min。

鸡心瓶：200mL。

分液漏斗：250mL。

6 试样制备与保存

6.1 试样的制备

牛奶：取有代表性试样约500g，搅拌均匀后装入洁净容器内密封并做好标志。

奶粉：取有代表性试样约500g，搅拌均匀后装入洁净容器内密封并做好标识。准确称取12g乳粉试样（精确到0.01g）于250mL烧杯中，少量多次加入50mL煮沸并冷却到60℃左右的水溶解，冷却至室温后，移入100mL容量瓶中，用少量水分次淋洗烧杯，淋洗液一并移入容量瓶，再用水定容到刻度，混匀，制备成奶粉复原乳试样。

6.2 试样的保存

将试样于4℃保存。

7 测定步骤

7.1 提取

准确称取10g牛奶试样（精确到0.01g）或量取10.00mL奶粉复原乳试样于100mL离心管中，加入50mL乙腈，用均质器以15 000r/min提取2min，用离心机以3 000r/min离心5min，上清液转入250mL分液漏斗中，残渣中再加入30mL乙腈，以15 000r/min提取2min，以3 000r/min离心5min，合并上清液于上述分液漏斗中，加入3g氯化钠，剧烈振荡3min，静置分层后，除去分离的水层，乙腈层溶液通过装有10g无水硫酸钠的漏斗过滤到200mL鸡心瓶中，用适量乙腈淋洗无水硫酸钠及漏斗，收集全部滤液，在低于40℃条件下旋转蒸发除去溶剂至干，残留物中加入约3mL乙酸乙酯-环己烷溶液溶解后，超声波提取1min，提取液转入10mL容量瓶中，重复操作3次，合并提取液，用乙酸乙酯-环己烷溶液定容至刻度，摇匀。

7.2 凝胶渗透色谱净化

7.2.1 条件

凝胶渗透色谱柱：300mm × 10mm，内装Bio Beads S-X3填料或者相当者。

检测波长：254nm。

流动相：乙酸乙酯-环己烷溶液。

流速：5mL/min。

进样量：5mL。

开始收集时间：8.5min。

结束收集时间：20min。

7.2.2 净化

将上述提取液以3 000r/min离心5min，上清液过0.45μm有机相滤膜，取5.00mL提取液注入凝胶渗透色谱仪的色谱柱中，以乙酸乙酯-环己烷溶液洗脱，收集8.5～20min的流出液，在低于40℃条件下浓缩至近干，用乙酸乙酯-环己烷溶液定容到1.00mL，供气相色谱-质谱测定。

7.3 阴性样品提取液的制备

取不含啶酰菌胺的阴性牛奶或者奶粉样品，按7.1和7.2步骤制备阴性样品提取液，用于配制啶酰菌胺基质标准工作液。

7.4 气相色谱-质谱测定

7.4.1 仪器条件

色谱柱：HP-5MS石英毛细管柱（30m × 0.25mm × 0.25μm）或相当者。

色谱柱温度程序：100℃保持1min，然后以30℃/min升温至280℃，保持8min。

载气：氦气，纯度≥99.999%。

载气流速：1.0mL/min。

进样口温度：290℃。

进样量：1μL。

进样方式：不分流进样，1.5min后打开分流阀和隔垫吹扫阀。

电子轰击源：70eV。

离子源温度：230℃。

GC-MS接口温度：280℃。

驻留时间：100ms。

选择离子监测：定量离子为140，定性离子为142、342。定量离子与定性离子的相对丰度比值，见表1。

表1 定量离子与定性离子的相对丰度比值

项目	定量离子	定性离子	定性离子
特征碎片离子（*m/z*）	140	342	142
相对丰度	100	35	32

7.4.2 定性测定

在相同的试验条件下进行样品测定时，如果样品中待测物质的色谱峰保留时间与标准品色谱峰保留时间相差在±2.5%以内，并且在扣除背景后的样品质谱图中，所选择的离子均出现，且样品谱图中定性离子的相对丰度与浓度接近的基质标准校准溶液谱图中对应的定性离子的相对丰度进行比较，偏差不超过表2规定的范围，则可判定为样品中存在该种待测物。

表2　定性确证时相对离子丰度的最大允许偏差

相对离子丰度	≥50%	20%~50%	10%~20%	≤10%
允许最大偏差	±20%	±25%	±30%	±50%

7.4.3　定量测定

在仪器最佳工作条件下，对啶酰菌胺基质标准工作液进行色谱分析，以峰面积为纵坐标，基质标准工作液浓度为横坐标绘制，用标准工作曲线对样品进行定量，基质标准工作液和样液中啶酰菌胺的响应值均应在仪器测定的线性范围内。在上述色语和质谱条件下，啶酰菌胺的参考保留时间为11.2min，啶酰菌胺标准溶液的选择性离子色谱图和气相色谱–质谱图参见附录A中的图A.1图A.2。

7.5　平行试验

按上述步骤，对同一试样进行平行试验测定。

7.6　空白试验

除不称取试样外，均按上述分析步骤进行。

8　结果计算

样品中啶酰菌胺残留量的测定按式（1）计算：

$$X = c \times \frac{V}{m} \times \frac{1\,000}{1\,000} \times F \qquad (1)$$

式中：X为试样中被测组分残留量（mg/kg）；

c为从标准工作曲线上得到的被测组分溶液浓度（μg/mL）；

V为样品溶液定容体积（mL）；

m为样品溶液所代表试样的质量（g）；

F为换算系数，牛奶F=1，奶粉F=10。

计算结果应扣除空白值。

9　精密度

9.1　一般规定

本标准的精密度数据是按照GB/T 6379.1和GB/T 6379.2的规定确定的，其重复性和再现性的值是以95%的可信度来计算。

9.2　重复性

在重复性试验条件下，获得的两次独立测试结果的绝对差值不超过重复性限（r），试样中啶酰菌胺含量范围在0.010～0.050mg/kg时，重复性方程：牛奶为$\lg r=0.9890\lg m-0.8204$，奶粉为$\lg r=1.0200\lg m-0.8454$。

如果两次测定值的差值超过重复性限（r），应舍弃试验结果并重新完成两次单个试验的测定。

9.3 再现性

在再现性试验条件下，获得的两次独立测试结果的绝对差值不超过再现性限（R），试样中啶酰菌胺含量范围在0.010～0.050mg/kg时，再现性方程：牛奶为$\lg R=0.9760\lg m-0.7961$，奶粉为$\lg R=1.1089\lg m-0.6139$。

注：m为两次测定结果的算术平均值。

附录A
啶酰菌胺标准溶液的选择离子色谱图及质谱图

啶酰菌胺标准溶液的选择离子色谱图及质谱图，见图A.1、图A.2。

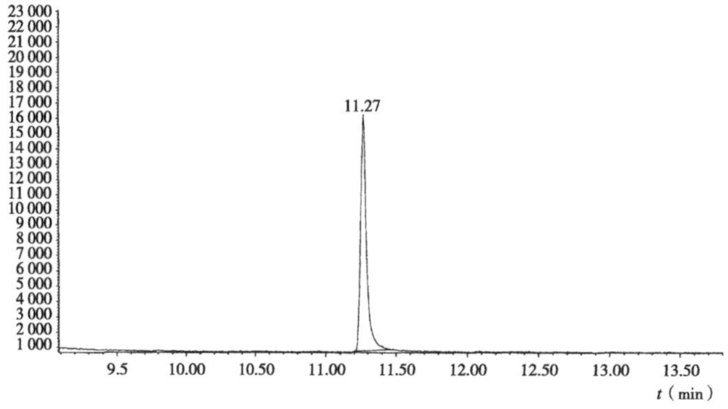

图A.1　啶酰菌胺标准溶液的选择离子色谱

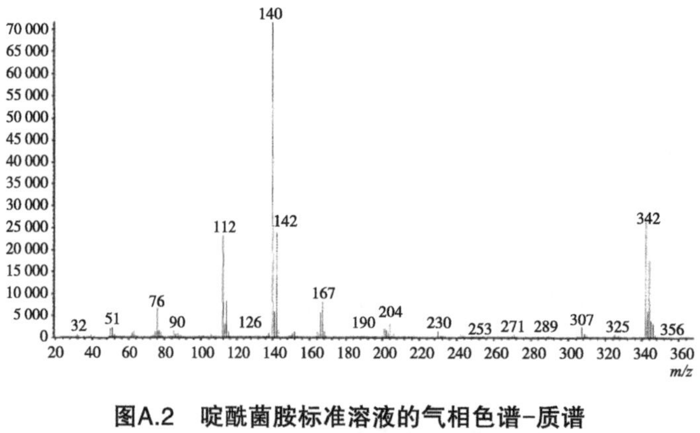

图A.2　啶酰菌胺标准溶液的气相色谱-质谱

附录B
回收率

啶酰菌胺添加浓度及平均回收率的试验数据，见表B.1。

表B.1　啶酰菌胺添加浓度及其平均回收率的试验数据

样品基质	添加浓度（mg/kg）	平均回收率（%）
牛奶	0.010	89.0
	0.020	89.6
	0.050	90.7
奶粉复原孔	0.010	88.9
	0.020	88.6
	0.050	89.1

4 兽药残留

4.1 概述

兽药是指用于预防、治疗、诊断动物疾病或者有目的地调节动物生理机能的物质。兽药残留是指畜禽等动物用药后蓄积或存留于畜禽机体或产品中的原型药物或与其相关的代谢产物，包括与兽药有关的杂质等的残留。

生鲜乳中的兽药残留主要来自奶牛疾病预防和治疗过程中所使用的药物。特别是泌乳期的奶牛患有乳腺炎、子宫内膜炎等疾病，抗生素和化学药物使用频繁，常以一种或两三种联合的形式给药。药物进入血液后，会经血液分布到乳腺组织，并随乳腺的分泌进入乳汁中，造成乳汁中药物的残留。我国在奶牛养殖方面使用较多的兽药主要有磺胺类、喹诺酮类、β-受体激动剂类、大环内酯类、糖皮质激素类、氯霉素类、头孢类、青霉素类等化合物。滥用这些药物易造成畜牧产品的严重污染，并通过代谢途径进入奶制品中，最终通过食物链可在人体内蓄积，并且这些药物具有导致过敏反应和使人体产生抗药性等副作用。因此，监测多种兽药在生鲜乳为代表的奶制品中的残留对保证奶品的安全具有积极意义。

4.1.1 生鲜乳中兽药残留的原因

4.1.1.1 药物的滥用

乳腺炎是奶牛的常见病，在我国治疗此病的常规方法是采用抗生素直接注入患牛乳房，从而造成抗生素在生鲜乳中残留。反复使用抗生素，会使耐药菌株增加，这又促使临床兽医在治疗过程中加大抗生素的用量，抗生素的使用剂量较10年前已翻倍，从而造成生鲜乳中抗生素严重超标。

4.1.1.2 不按规定执行兽药规定的休药期

兽医临床使用的药物一般都有休药期，奶牛泌乳期允许使用的药物也都有相应的弃奶期，各种药物的弃奶期具体可见《中华人民共和国农业部公告第278号》。一些养殖户在使用兽药治疗奶牛疾病时不执行药物的休药期，往往导致生鲜乳中兽药残留超标。例如恩诺沙星注射液的休药期为14d，即奶牛在使用恩诺沙星注射液以后14d内的牛奶是不能销售的，需要进行无害化处理。

4.1.1.3 不规范使用抗菌药物引起的残留

抗菌药物只能用于动物疾病的治疗和预防，但是有一些不法的奶牛养殖户为了保证生鲜乳的质量或者满足原奶收购中的某些指标，例如细菌总数，非法在生鲜乳中添加抗生素，例如在生鲜乳中非法添加青霉素和链霉素来抑制牛奶的酸败和细菌的大量繁殖，从而导致生鲜乳中抗菌药物残留超标。

4.1.1.4 使用违禁或淘汰药物造成残留超标

违禁药物在兽医临床上是禁止使用的，人用药也禁止在兽医临床上使用。一些养殖户在治疗动物疾病时，使用违禁药物、人用药和淘汰药物来治疗动物疾病，由于这些药物国家未做相应的休药期规定，在常规药物品种残留检测时又不易检出，很容易造成药物残留。

4.1.2 生鲜乳中常见的兽药残留分类

4.1.2.1 β–内酰胺类

β-内酰胺类抗生素是指化学结构中具有β-内酰胺环的一大类抗生素，包括临床最常用的青霉素与头孢菌素，以及新发展的头霉素类、硫霉素类、单环β-内酰胺类等其他非典型β-内酰胺类抗生素。此类抗生素具有杀菌活性强、毒性低、适应症广及临床疗效好的优点。这类药物化学结构，特别是侧链的改变形成了许多不同抗菌谱和抗菌作用以及各种临床药理学特性的抗生素。各种β-内酰胺类抗生素的作用机制均相似，都能抑制胞壁黏肽合成酶，即青霉素结合蛋白，从而阻碍细胞壁黏肽合成，使细菌胞壁缺损，菌体膨胀裂解。除此之外，对细菌的致死效应还应包括触发细菌的自溶酶活性，缺乏自溶酶的突变株则表现出耐药性。动物无细胞壁，不受β-内酰胺类药物的影响，因而本类药具有对细菌的选择性杀菌作用，对宿主毒性小。

生鲜乳中常见的β-内酰胺类药物主要包括青霉素类和头孢菌素等十几种抗生素，主要用于奶牛乳腺炎的治疗。例如青霉素G，在注入乳房后在最初几小时可达到最大吸收，泌乳量越高，乳腺吸收越多，如在乳房内注入10万IU青霉素水溶液，其在乳中可保留4.26IU/mL至24h，半衰期为0.5～1h。

4.1.2.2 氨基糖苷类

氨基糖苷类抗生素是由氨基糖与氨基环醇通过氧桥连接而成的苷类抗生素，可以抑制蛋白质的合成，为静止期杀菌性抗生素。主要包括链霉素、双氢链霉素、庆大霉素等。此类抗生素以抗需氧革兰氏阴性杆菌、假单胞菌属、结核菌属和葡萄菌属为特点，由于氨基糖苷类抗生素在发挥抗菌作用时必须有氧参加，所以对厌氧菌无效。早期发现氨基糖苷类药物是经直接作用于细菌30S核糖体亚单位，使细菌发生读码错误而最终导致细菌死亡的。近年来更加深入的研究表明，此类药物是直接与30S核糖体亚单位的16S rRNA解码区的A部位结合的。虽然氨基糖苷类药物的结合点都是16S rRNA的保守区域，但它们对原核和真核核糖体的作用并不相同。

该类抗生素治疗浓度范围窄，并且具有肾毒性、耳毒性、神经肌肉阻滞、造血系统毒性和过敏等不良反应。其在体内几乎不代谢，约90%以原型经肾脏排出，在肾脏中残留量较大，在生鲜乳中残留量较少。如庆大霉素注射奶牛后，60～84h生鲜乳中检测不到残留。

4.1.2.3　大环内酯类

大环内酯类抗生素是一类分子结构中具有12～16碳内酯环的抗菌药物的总称，包括螺旋霉素、吉他霉素、泰乐菌素、替米考星等。大环内酯类抗生素通过阻断50S核糖体中肽酰转移酶的活性来抑制细菌蛋白质合成，属于快速抑菌剂。主要用于治疗需氧革兰氏阳性球菌和阴性球菌、某些厌氧菌以及军团菌、支原体、衣原体等感染。如泰勒菌素注射奶牛后，主要经胆汁以泰勒菌素A、泰勒菌素D和双氢去碳霉糖泰乐菌素排泄，进入乳中浓度约为血清浓度的20%，奶牛日肌注射17.6mg/kg，连续5d，停药后3d内奶中可检出残留量。

4.1.2.4　喹诺酮类

喹诺酮类又称吡酮酸类或吡啶酮酸类，是人工合成的含4-喹诺酮基本结构的抗菌药。喹诺酮类抗生素分子基本骨架均为氮（杂）双并环结构，喹诺酮类和其他抗菌药的作用点不同，它们以细菌的脱氧核糖核酸（DNA）为靶。细菌的双股DNA扭曲成袢状或螺旋状（称为超螺旋），使DNA形成超螺旋的酶称为DNA回旋酶，喹诺酮类妨碍此种酶，进一步造成细菌DNA的不可逆损害，而使细菌细胞不再分裂。它们对细菌显示选择性毒性。当前，一些细菌对许多抗生素的耐药性可因质粒传导而广泛传布。本类药物则不受质粒传导耐药性的影响，因此，本类药物与许多抗菌药物间无交叉耐药性。

喹诺酮类是主要作用于革兰氏阴性菌的抗菌药物，对革兰氏阳性菌的作用较弱。目前应用较多的是第3代药物，包括诺氟沙星、恩诺沙星、环丙沙星等。该类药物在体内分布广，组织中浓度高，半衰期长。如患有乳腺炎的奶牛注射环丙沙星5mg/kg，停药后4d牛乳中的标志残留物为30μg/kg，该类药物在肝肾中浓度最高，15%～50%经尿排出。

4.1.2.5 磺胺类

磺胺类药物为人工合成的抗菌药，用于临床已近50年，它具有抗菌谱较广、性质稳定、使用简便、生产时不耗用粮食等优点。磺胺类药对许多革兰氏阳性菌和一些革兰氏阴性菌、诺卡氏菌属、衣原体属和某些原虫（如疟原虫和阿米巴原虫）均有抑制作用。在阳性菌中高度敏感者有链球菌和肺炎球菌；中度敏感者有葡萄球菌和产气荚膜杆菌。阴性菌中敏感者有脑膜炎球菌、大肠杆菌、变形杆菌、痢疾杆菌、肺炎杆菌、鼠疫杆菌。对病毒、螺旋体、锥虫无效。对立克次氏体不但无效，反能促进其繁殖。普遍认为不同的磺胺类药物，其抗菌力的差别是在量的方面，而不在质的方面。对某一种类型细菌效价最高的化合物，对其他类型的细菌效价也高。

该类药物化学性质稳定，动物体内易残留，人体易产生耐药性，尤其是磺胺二甲嘧啶具有致癌性，还能引起再生障碍性贫血、粒细胞缺乏症等疾病。该类药物吸收后，一部分在血浆中保持游离状态，一部分与血浆蛋白相结合，一部分在肝脏中转化为乙酰磺胺，在血液中含量最高，肝肾次之，胸水、腹水、滑膜液中浓度也较高。如奶牛内服或肌内注射磺胺二甲嘧啶，休药3d后奶中的乳糖结合物和乙酰化代谢物均低于10μg/kg，休药4d后奶中药物残留量均低于10μg/kg。

4.1.2.6 四环素类

四环素类抗生素是由放线菌产生的一类碱性广谱抗生素，包括金霉素、土霉素、四环素、强力霉素等，广泛用于多种细菌及立克次氏体、衣原体、支原体等所致感染。该类药物作用机制在于药物能特异性地与细菌核糖体30S亚基的A位置结合，阻止氨基酰-tRNA在该位上的联结，从而抑制肽链的增长和影响细菌蛋白质的合成。该类药物在兽医上滥用现象严重，如土霉素给奶牛内服后，广泛分布于肝、肾、肺等组织和体液中，易渗入胸水、腹水、乳汁中。奶牛肌内注射四环素5mg/kg后1～4d，奶中残留量在10～370μg/kg。

4.1.2.7 糖皮质激素类

糖皮质激素是机体内极为重要的一类调节分子，它对机体的发育、生长、代谢以及免疫功能等起着重要调节作用，是机体应激反应最重要的调节激素，也是临床上使用最为广泛而有效的抗炎和免疫抑制剂。在紧急或危重情况下，糖皮质激素往往为首选。临床常见的糖皮质激素类药物有泼尼松、甲泼尼松、倍他米松、丙酸倍氯米松、泼尼松龙、氢化可的松、地塞米松等。具有抗炎、抗毒、抗过敏、抗休克、非特异性抑制免疫及退热等多种作用，可以防止和阻止免疫性炎症反应和病理性免疫反应的发生，对任何类型的变态反应性疾病几乎都有效。

临床上治疗奶牛的乳腺炎多使用地塞米松等肾上腺皮质激素，这类药物的使用在临床上主要是用来缓解症状，表面上看效果很好，但这类药物的主要成分为皮质醇，具有调节糖、脂肪和蛋白质的生物合成和代谢作用，以及抑制免疫应答、抗炎、抗毒、抗休克作用。无论口服或外用，还是局部注射，糖皮质激素都会产生相应的副作用，并且用药后可以在牛乳中检出。

4.1.2.8 β-受体激动剂类

该类药物属于食源性动物中的禁用药物，常见的有盐酸克仑特罗、沙丁胺醇、莱克多巴胺、硫酸沙丁胺醇、盐酸多巴胺、西马特罗和硫酸特布他林等。该类药物进入牲畜体内后能够改变养分的代谢途径，促进动物肌肉生长，尤其是促进骨骼肌蛋白质的合成，加速脂肪的转化和分解，提高牲畜的瘦肉率。但是其在可食性动物组织中残留，会引起使用后人体心血管和中枢神经系统的毒副作用。如奶牛一次用药10mg/kg体重，奶中母体药物的残留量为5.5～22.5μg/kg，若1d用药两次，每次5mg/kg，奶中残留量为3～9μg/kg，奶中药物浓度与血浆中浓度成正比。

4.1.2.9 氯霉素类

氯霉素类抗生素属抑菌性广谱抗生素，主要包括氯霉素、甲砜霉素、氟苯尼考等。在养殖业中，常用于动物各种传染性疾病的治疗中，近几年来，经国内外研究机构发现，氯霉素类药物不适当地使用于食用性动物中，很容易引起氯霉素在动物源性食品中残留超标，并对人体产生严重危害，主要表现在引起再生障碍性贫血、粒状白细胞缺乏症和新生儿灰色综合征等。对消化系统也具有严重的毒性反应，低浓度的药物残留会诱发致病菌的耐药性。因此美国、欧盟等规定在人类食用的动物身上禁止使用氯霉素。有研究表明，氯霉素结构中芳香环上对位硝基是引起再生障碍性贫血的主要基团，氟苯尼考在结构上以H_3C-SO_2取代了$-NO_2$用药后不产生再生障碍性贫血的不良反应，因此在动物疾病防治上，尤其是食品动物，氟苯尼考将替代氯霉素，在兽医临床具有广阔应用前景。

4.1.3 生鲜乳中兽药残留检测方法

4.1.3.1 微生物检测法

微生物检测法是一种检测生鲜乳中兽药残留的传统方法，是根据抗菌药物对微生物的生长繁殖和代谢的抑制作用来定性或定量确定样品中兽药的残留。常用的微生物检测法有纸片法（PD）、氧化三苯基四氮唑法（TTC）、杯碟法

（CP）、戴尔沃检测法（Delvotest-SP）、阻抗分析法等。

纸片法包括枯草芽孢杆菌纸片法和嗜热脂肪杆菌纸片法，两种纸片法都主要用于检测牛奶中β-内酰胺类抗生素，前者检测的结果易出现假阳性，检测限可达0.01IU/mL，且耗时较长，一般要在32℃下培养17～24h后观察有无抑菌圈。

氧化三苯基四氮唑法是向生鲜乳样品中同时加入细菌菌液和TTC指示剂，在适宜条件下进行培养。若生鲜乳中有兽药残留，则细菌的生长就会受到抑制，这时TTC指示剂不会被还原，颜色无变化，检测结果为阳性。若无兽药残留，则细菌大量繁殖，指示剂被还原从而显示红色，检测结果为阴性。

杯碟法是用含敏感菌的琼脂做成平皿，上面放牛津杯，杯中放已知抗生素标准溶液和待测生鲜乳，经培养后抗生素标准溶液周围不长细菌，产生抑菌圈，如果被测生鲜乳也出现抑菌圈，则表明含有抗生素。

4.1.3.2 仪器分析法

仪器分析法是根据残留药物化学结构上某些基团的特性和特殊反应，利用相关的仪器对其进行定性和定量的检测。常用的仪器有近红外光谱法、中红外光谱法、液相色谱仪、液相色谱-质谱联用仪、气相色谱-质谱联用仪等。其中以液相色谱三重四极杆串联质谱仪最为常用，该仪器具有灵敏度高、准确性好、分析速度快等优点，在兽药残留分析中应用广泛，可以测定mg/kg体重至ng/kg体重内的兽药残留，也是国际公认的兽药残留确证检测方法之一。目前生鲜乳中的兽药残留的仪器分析法已逐渐向多种类、多组分残留同时检测的高通量、自动化方向发展。随着科技水平的进步，越来越多新颖的技术手段和先进的仪器设备正致力于解决生鲜乳中基质成分复杂、兽药种类多等难点问题，进而深入研究测定乳制品中更多种类、更多组分兽药的方法，增强检测技术的实用性，使其能广泛应用于实验室的日常检测，建立快速简便、环境友好的检测方法。

4.1.3.3 免疫分析法

免疫分析法是根据免疫学上抗原和抗体特异性反应建立起来的一种检测方法，最常见的方法有快速检测试纸卡和酶联免疫吸附分析法（简称ELISA）。快速检测试纸卡使用方法简单，但只能对兽药残留进行定性测定。而酶联免疫吸附分析法既能进行定性测定又能进行定量测定。其基本原理是：包被抗原或抗体后，通过抗原抗体反应使酶标抗体结合到载体上，使结合的酶标抗体和游离的酶标抗体分离，洗去酶标抗体，加入底物显色，然后根据颜色深浅定性或定量。目前ELISA方法已应用到磺胺类、喹诺酮类、氯霉素类、四环素类等兽药残留检测工作中。ELISA方法成本低、灵敏度高、操作简单，但是其存在单一性和特定性的缺点，且容易造成假阳性，适用于基层检测站初步检测或者大批量样品快速筛查。

4.2 检测技术应用

4.2.1 液相色谱串联质谱对牛奶中磺胺类药物残留量的测定

4.2.1.1 原理

试样中加入C18填料后研磨均匀，其中磺胺类药物残留用乙腈-水在微波辐照辅助下进行提取，用已经饱和的正己烷净化。用液相色谱串联质谱测定，外标法定量。

4.2.1.2 试剂和材料

除另有说明外，以下所有试剂均为分析纯，水为GB/T 6682规定的一级水。

乙腈、正己烷：色谱纯。

甲酸：优级纯。硅藻土：

化学纯。

正丙醇。

无水硫酸钠：优级纯，500℃，灼烧4h，置于干燥器中备用。

C18填料：粒径40μm。

乙腈-水（1 000+30）溶液：量取1 000mL乙腈，加入30mL水，混合均匀。

乙腈-水（1+1）溶液：将乙腈与水按体积比1：1混合均匀。

水-甲酸（999+1）：准确吸取1mL甲酸于1 000mL容量瓶中，用水稀释到刻度，混匀。

乙腈饱和正己烷：量取200mL正己烷于250mL分液漏斗中，加于少量乙腈，剧烈振摇数分钟，静止分层后，弃去下层乙腈层即得。

标准物质：磺胺脒、甲氧苄啶、磺胺索嘧啶、磺胺醋酰、磺胺嘧啶、磺胺吡啶、磺胺噻唑、磺胺甲嘧啶、磺胺噁唑、磺胺二甲嘧啶、磺胺甲氧嗪、磺胺甲二唑、磺胺对甲氧嘧啶、磺胺间甲氧嘧啶、磺胺氯达嗪、磺胺多辛、磺胺甲噁唑、磺胺异噁唑、磺胺苯酰、磺胺地索辛、磺胺喹沙啉、磺胺苯吡唑、磺胺硝苯，纯度≥99%。

23种磺胺标准储备液：0.1mg/mL。分别准确称取按其纯度折算为100%的每种磺胺标准物质10mg，用乙腈溶解并定容至100mL，该标准储备液-20℃，避光保存，有效期12个月。

23种磺胺混合标准中间溶液：10μg/mL。准确移取各种磺胺类标准储备液10mL于100mL棕色容量瓶中，用乙腈定容至刻度。该混合标准中间溶液在-20℃避光保存，有效期6个月。

23种磺胺混合标准工作液：根据需要用乙腈-水混合标准中间溶液稀释成合

适的混合标准工作液，现用现配。

4.2.1.3 仪器和设备

液相色谱质谱串联仪：配有电喷雾离子源。

高速组织捣碎机。

均质器。

旋转蒸发器。

氮吹仪。

涡旋混匀器。

分析天平：感量0.1mg和0.01g各1台。

真空泵。

移液器：1mL、2mL。

棕色鸡心瓶：150mL。

样品瓶：2mL，带聚四氟乙烯旋盖。

大号玻璃研钵。

pH计：测量精度±0.2。

离心机。

棕色分液漏斗：100mL。

具螺旋盖聚四氟乙烯离心管：50mL。

超纯水仪。

微波炉：家用，带有光波模式，功率700W。

超声波发生器。

4.2.1.4 试样制备与保存

从原始样品中取出代表性样品，用组织捣碎机充分混匀，均分成两份，分别装入清洁容器内，加封后做出标记，一份作为试样，一份作为留样。将试样于4℃，避光保存。

4.2.1.5 样品处理

（1）提取。取2g（精确至0.01g）牛奶，置于玻璃研钵内，加入6g（精确至0.01g）硅藻土，另加入6g（精确至0.01g）C18填料，用玻璃杵轻轻研磨30s，使样品与填料混合均匀，装于50mL具螺旋盖聚四氟乙烯离心管中，加入25mL乙腈-水溶液，涡旋振荡1min，放入家用微波炉中，在光波模式下，微波辐照30s，3 000r/min，离心5min，将乙腈层移入100mL棕色分液漏斗中。离心后的沉淀物再加入25mL乙腈摇匀，微波辅助提取30s，3 000r/min，离心5min，合并乙腈提取液，待净化。

（2）净化。提取液中加入25mL乙腈饱和正己烷溶液，振摇5min，将底层乙腈溶液移入150mL棕色鸡心瓶中，加入10mL正丙醇，用涡旋蒸发仪于45℃水浴中减压蒸发至近干，氮气流吹干。准确加入1mL乙腈-水溶液（1+1），超声30s溶解残渣，将溶解液移入10mL棕色离心管中，加入0.5mL乙腈饱和正己烷，涡旋振荡2min，于3 000r/min，离心5min，弃去正己烷溶液，取底层乙腈-水溶液过0.22μm的微孔滤膜，供高效液相色谱串联质谱仪测定。

4.2.1.6 测定

（1）标准工作曲线制备。用相应的空白样品基质提取液制备混合标准浓度系列，分别为10ng/mL、20ng/mL、100ng/mL、200ng/mL、1 000ng/mL（分别相当于测试样品中含有5μg/kg、10μg/kg、20μg/kg、100μg/kg、500μg/kg的目标化合物）。按规定测定并制备标准曲线。

（2）液相色谱条件。

色谱柱：Intersil ODS-3，5μm（粒径），150mm×4.6mm（内径），或相当者。

流动相A：乙腈，流动相B：0.1%甲酸水溶液。

流速：0.8mL/min。

柱温：20℃。

进样量：20μL。

（3）质谱测定条件。

离子源：电喷雾离子源。

扫描方式：正离子模式。

检测方式：多反应监测（MRM）。

电喷雾电压：5 500V。

雾化器压力：0.065MPa。

气帘器压力：0.016MPa。

辅助器压力：0.060MPa。

离子源温度：475℃。

（4）液相色谱串联质谱仪测定。

①定性测定：按照上述条件测定样品和建立标准工作曲线，如果样品中化合物质量色谱峰的保留时间与标准溶液相比在±2.5%的允许偏差之内；待测化合物的定性离子对的重构离子色谱峰的性噪比大于或等于3（S/N≥3），定量离子对的重构离子色谱峰的信噪比大于或等于10（S/N≥10）；定性离子对的相对丰度与浓度相当的标准溶液相比，相对丰度偏差不超过表4-1的规定，则可判定样品

中存在相应的目标化合物。

表4–1 定性确证时相对离子丰度的最大允许误差

相对离子丰度	≥50%	20%~50%	10%~20%	≤10%
允许偏差范围	±20%	±25%	±30%	±50%

②定量测定：按照外标法进行定量测定。

4.2.1.7 结果计算

试样中每种磺胺药物的残留量利用数据处理系统计算或按式（4–1）计算。

$$X=\frac{AC}{A_s}\times\frac{V}{m}\times\frac{1\,000}{1\,000} \qquad (4-1)$$

式中：X为样品中被测物的残留量（μg/kg）；

C为对照标准溶液中被测组分的浓度（ng/mL）；

A_s为对照标准溶液中被测组分的峰面积；

A为样液中被测组分的峰面积；

V为样品定容体积（mL）；

m为样品称样量（g）。

注：计算结果需扣除空白值。

4.2.1.8 定量限

本方法在牛奶中23种磺胺药物残留的定量限均为50μg/kg。

4.2.2 液相色谱串联质谱法对牛奶中喹诺酮药物残留量的测定

4.2.2.1 原理

用0.1mol/L EDTA-Mellvaine缓冲液（pH值4.0）提取样品中的喹诺酮类抗生素，经过滤和离心后，上清液经HLB固相萃取柱净化。高效液相色谱串联质谱仪测定，用阴性样品基质加标准品后，用外标法定量。

4.2.2.2 制样方法

将现场采集的牛奶样品放入小型冷冻箱中运输到实验室，在–10℃以下保存，一周内进行处理，取适量新鲜或冷冻解冻的样品，混合均匀。

4.2.2.3 试剂和材料

除另有说明外，以下所有试剂均为色谱纯，水为GB/T 6682规定的一级水。

磷酸氢二钠、柠檬酸、氢氧化钠、乙二胺四乙酸二钠：分析纯。

乙腈。

甲醇。

甲醇-乙腈溶液：40+60（体积比）。

甲酸（99%）。

磷酸氢二钠溶液：0.2mol/L。称取71.63g磷酸氢二钠，用水溶解，定容至1 000mL。

柠檬酸溶液：0.1mol/L。称取21.1g柠檬酸，用水溶解，定容至1 000mL。

Mellvaine缓冲液：将1 000mL 0.1mol/L柠檬酸溶液与625mL 0.2mol/L磷酸氢二钠溶液混合，必要时用盐酸或氢氧化钠调节pH值至4.0 ± 0.05。

EDTA-Mellvaine缓冲液：0.1mol/L。称取60.5g乙二胺四乙酸二钠放入1 625mL Mellvaine缓冲液中，振摇使其溶解。

甲醇水溶液：5%（体积分数）。

甲酸水溶液：0.2%（体积分数）。

喹诺酮类药物标准物质：恩诺沙星、诺氟沙星、培氟沙星、环丙沙星、氧氟沙星、沙拉沙星、依诺沙星、洛美沙星、吡哌酸、萘啶酸、奥索利酸、氟甲喹、西诺沙星、单诺沙星，纯度大于99%。

标准储备液：分别称取0.010 0g标准品置于10.0mL棕色容量瓶中，用甲醇溶解并定容至刻度，标准储备液浓度为1mg/mL，-20℃冰箱中保存，有效期3个月。

标准工作液：将上述各标准储备液稀释，配制成混合标准溶液，各组分浓度为10μg/mL，此标准溶液于4℃保存，可保存3个月。

HLB固相萃取柱（200mg/6mL），或其他等效柱。

4.2.2.4 仪器和设备

液相色谱串联质谱仪。

分析天平：感量0.000 1g。

电子天平：感量0.01g。

组织匀浆机。

涡旋混合器。

冷冻离心机：最高转速大于1 000r/min。

聚丙烯离心管：50mL。

酸度计：0.01。

氮吹仪。

固相萃取装置（带真空泵）。

4.2.2.5 提取及净化

（1）提取。称取均质样品5.0g（精确到0.01g），置于50mL聚丙烯离心管中，用40mL 0.1mol/L EDTA-Mellvaine缓冲液溶解，1 000r/min涡旋混合1min，超声提取10min，10 000r/min离心10min，温度低于5℃取上清液。

（2）净化。HLB固相萃取柱（200mg/6mL），使用6mL甲醇洗涤，6mL水活化，将提取的溶液以2～3mL/min的速度过柱，弃去滤液。用2mL 5%甲醇水溶液淋洗，弃去淋洗液，将小柱抽干，再用6mL甲醇洗脱并收集洗脱液。洗脱液用氮气吹干，用1mL 0.2%甲酸水溶液溶解，1 000r/min涡旋混合1min，用于上机测定。

（3）基质加标工作曲线的制备。将混合标准工作液用初始流动相逐级稀释成2.5～100μg/L的标准系列溶液，称取与试样基质相应的阴性样品6个，加入标准系列溶液1.0mL，按照上述步骤与试样同时进行提取和进化。

4.2.2.6 高效液相色谱—质谱/质谱测定

（1）高效液相色谱条件。

色谱柱：Waters ACQUITY UPLCTM BEH C18柱，填料粒径1.7μm，100mm×2.1mm（内径），或相当者。

流动相A：甲醇–乙腈溶液（40+60）。

流动相B：0.2%甲酸水溶液，梯度淋洗。

流速：0.2mL/min。

柱温：40℃。

进样量：20μL。

（2）质谱参考条件。

离子源：电喷雾离子源。

扫描方式：正离子模式。

检测方式：多反应监测（MRM）。

分辨率：单位分辨率。

毛细管电压：2.0kV。

射频透镜电压：0V。

离子源温度：110℃。

脱溶剂气温度：350℃。

脱溶剂气流量：500L/h。

电子倍增电压：650V。

喷撞室压力：0.28Pa。

4.2.2.7 空白试验

除不加标准外，均按上述步骤进行测定。

4.2.2.8 结果计算与表述

（1）定性标准。

①保留时间：试样中目标化合物色谱峰的保留时间与相应标准色谱峰的保留时间相比较，变化范围应在±2.5%之内。

②信噪比：待测化合物的定性离子的重构离子色谱峰的信噪比应大于等于3（S/N≥3），定量离子的重构离子色谱峰的信噪比应大于等于10（S/N≥10）。

③定量离子、定性离子及子离子丰度比：每种化合物的质谱定性离子必须出现，至少应包括一个母离子和两个子离子，而且同一检测批次，对同一化合物，样品中目标化合物的两个子离子的相对丰度比与浓度相当的标准溶液相比，其允许偏差不超过表4-1规定的范围。

（2）结果计算与表述。按式（4-2）计算喹诺酮类药物残留量。

$$X=\frac{AC}{A_s}\times\frac{V}{m}\times\frac{1\,000}{1\,000} \tag{4-2}$$

式中：X为样品中被测物的残留量（μg/kg）；

C为对照标准溶液中被测组分的浓度（ng/mL）；

A_s为对照标准溶液中被测组分的峰面积；

A为样液中被测组分的峰面积；

V为样品定容体积（mL）；

m为样品称样量（g）。

注：计算结果需扣除空白值。

4.2.2.9 检出限、定量限与回收率

（1）牛奶中检出限。氟甲喹、萘啶酸、奥索利酸、西诺沙星、恩诺沙星、单诺沙星、洛美沙星、氧氟沙星均为0.5μg/kg，环丙沙星为1.2μg/kg，沙拉沙星、诺氟沙星、培氟沙星、吡哌酸为1.0μg/kg，依诺沙星为1.5μg/kg。

（2）牛奶中定量限。氟甲喹、萘啶酸、奥索利酸、西诺沙星、恩诺沙星、单诺沙星、洛美沙星、氧氟沙星均为2μg/kg，环丙沙星为4μg/kg，沙拉沙星、诺

氟沙星、培氟沙星、吡哌酸均为3μg/kg，依诺沙星为5μg/kg。

（3）回收率。回收率试验采用3个加标浓度，分别为检出限浓度的1倍、2倍、5倍。牛奶中14种喹诺酮的加标回收率在79.0%～119.9%，RSD在2.2%～19.4%。

4.2.3 液相色谱串联质谱法对牛奶中氯霉素药物残留量的测定

4.2.3.1 原理

试样中残留的氯霉素，用乙酸乙酯提取，正己烷除脂，C18柱净化，液相色谱-串联质谱测定，内标法定量。

4.2.3.2 试剂和材料

除另有说明外，以下所有试剂均为分析纯，水为GB/T 6682规定的一级水。

乙腈、甲醇：色谱纯。

氯霉素标准品：含量≥97%。

内标物：氘代氯霉素标准品，含量为100μg/mL（作为内标物标准储备液）。

乙酸乙酯。

氯化钠。

正己烷。

C18固相萃取柱：500mg/3mL，或相当者。

4%氯化钠溶液：取氯化钠4g，用水溶解稀释至100mL。

100μg/mL氯霉素标准储备液：精密称取氯霉素标准品10mg，置于100mL量瓶中，用甲醇溶解并稀释至刻度，配制成浓度为100μg/mL的氯霉素标准储备液，-20℃以下保存，有效期1年。

100μg/L氯霉素标准工作液：精密量取100μg/mL的氯霉素标准储备液100μL，置于100mL量瓶中，用50%乙腈溶解并稀释至刻度，配制成浓度为100μg/L的标准工作液，2～8℃保存，有效期1个月。

20μg/L氘代氯霉素标准工作液：精密量取氘代氯霉素标准品20μL，置于1 000mL量瓶中，用50%乙腈溶解并稀释至刻度，配制成浓度为20μg/L的氘代氯霉素标准工作液，2～8℃保存，有效期3个月。

4.2.3.3 仪器和设备

液相色谱串联质谱仪：配有电喷雾离子源。

分析天平：感量0.000 01g。

电子天平：感量0.01g。

涡旋振荡器。

组织匀浆机。

冷冻离心机。

旋转蒸发器。

离心管：50mL。

鸡心瓶：50mL。

固相萃取装置。

氮吹仪。

滤膜：0.22μm。

4.2.3.4　试样制备与保存

取适量新鲜或冷藏的空白或供试牛奶，混合，并使其均质。

取均质后的供试样品，作为供试试样。

取均质后的空白样品，作为空白试样。

取均质后的空白样品，添加适宜浓度的标准工作液，作为空白添加试样。

-20℃以下，保存。

4.2.3.5　样品处理

（1）提取。取试样（10 ± 0.05）g，于50mL离心管中，加氘代氯霉素内标工作液250μL，再加乙酸乙酯20mL，振荡15min，6 000r/min，离心10min，取乙酸乙酯层于鸡心瓶中，再加乙酸乙酯20mL，重复提取一次，合并两次提取液于鸡心瓶中，于45℃水浴旋转蒸发至干，用4%氯化钠溶液5mL溶解残留物，加正己烷5mL，振荡混合1min，静置分层，弃正己烷液。再加正己烷5mL，重复提取一次，取下层液备用。

（2）净化。C18柱依次用甲醇5mL和水5mL活化，取备用液过柱，控制流速，3～4s一滴，用水5mL淋洗，抽干，用甲醇5mL洗脱，收集洗脱液，于50℃氮气吹干。用50%乙腈1.0mL溶解残留物，涡旋混匀，滤膜过滤，供液相色谱-串联质谱测定。

4.2.3.6　测定

（1）标准工作曲线制备。精密量取100μg/L氯霉素标准工作液和20μg/L氘代氯霉素内标工作溶液适量，用流动相稀释，配制成氯霉素浓度为0.10μg/L、0.25μg/L、0.50μg/L、1.0μg/L、2.0μg/L、5.0μg/L，氘代氯霉素浓度为5μg/L的系列标准溶液，供液相色谱-串联质谱仪测定。以特征离子质量色谱峰面积为纵坐标，标准溶液浓度为横坐标，绘制标准曲线，求回归方程和相关系数。

（2）液相色谱条件。

色谱柱：C18，5μm，150mm×2.1mm（内径），或相当者。

流动相A：乙腈，流动相B：0.1%甲酸水溶液。

流速：0.2mL/min。

柱温：30℃。

进样量：20μL。

运行时间：8min。

流动相：乙腈+水（50+50，体积比）。

（3）质谱测定条件。

电离模式：ESI^+。

扫描方式：负离子模式。

检测方式：多反应监测（MRM）。

电力电压：2.8kV。

离子源温度：120℃。

雾化温度：350℃。

锥孔气流速：50L/h。

雾化器流速：450L/h。

数据采集窗口：8min。

驻留时间：0.3s。

（4）测定法。取试样溶液和相应的标准溶液，做单点或多点校准，按内标法以峰面积比计算。对照溶液及试样溶液中氯霉素和氘代氯霉素的响应值均应在仪器检测的线性范围内。试样溶液中的离子相对丰度与标准溶液的离子相对丰度比符合表4-1的要求。

（5）空白试验。除不加试样外，采用完全相同的测定步骤进行平行操作。

4.2.3.7 结果计算与表述

试样中氯霉素的残留量利用数据处理系统计算或按式（4-3）计算。

$$X = \frac{A\,A_{si}C\,C_i}{A_i A_s C_{si}} \times \frac{V}{m} \qquad (4-3)$$

式中：X为样品中被测物的残留量（μg/kg）；

C为对照标准溶液中氯霉素的浓度（ng/mL）；

C_{si}为对照溶液中氘代氯霉素的浓度（ng/mL）；

C_i为样液中内标物的浓度（ng/mL）；

A_s为对照标准溶液中氯霉素的峰面积；

A为样液中相应氯霉素的峰面积；

A_{si}为对照标准溶液中氘代氯霉素的峰面积；

A_i为样液中内标物的峰面积；

V为样品定容体积（mL）；

m为样品称样量（g）。

注：计算结果需扣除空白值。计算结果用平行测定的算术平均值表示，结果保留3位有效数字。

4.2.3.8 定量限

本方法检测限为0.01μg/kg，定量限均为0.1μg/kg。

本方法在0.02～0.10μg/kg的添加浓度水平上的回收率为50%～120%。

本方法的批内相对标准偏差≤17%，批间相对标准偏差≤20%。

4.2.4 液相色谱串联质谱法对牛奶中青霉素族抗生素残留量的测定

4.2.4.1 原理

样品中青霉素族抗生素残留物用乙腈-水溶液提取，提取液经浓缩后，用缓冲溶液溶解，固相萃取小柱净化，洗脱液经氮气吹干后，用液相色谱串联质谱仪测定，外标法定量。

4.2.4.2 试剂和材料

除另有说明外，以下所有试剂均为分析纯，水为GB/T 6682规定的一级水。

乙腈、甲醇、甲酸：高效液相色谱级。

氯化钠。

氢氧化钠。

磷酸二氢钾。

磷酸氢二钾。

0.1mol/L氢氧化钠：称取4g氢氧化钠，并用水稀释至1 000mL。

乙腈+水（15+2体积比）。

乙腈+水（30+70体积比）。

0.05mol/L磷酸盐缓冲溶液（pH值=8.5）：称取8.7g磷酸氢二钾，超纯水溶解，稀释至1 000mL，用磷酸二氢钾调节pH值至8.5 ± 0.1。

0.025mol/L磷酸盐缓冲溶液（pH值=7.0）：称取3.4g磷酸二氢钾，超纯水溶解，稀释至1 000mL，用氢氧化钠调节pH值至7.0 ± 0.1。

0.01mol/L乙酸铵溶液（pH值=4.5）：称取0.77g乙酸铵，超纯水溶解，稀释至1 000mL，用甲酸调节pH值4.5 ± 0.1。

11种标准物质：羟氨苄青霉素、氨苄青霉素、邻氯青霉素、双氯青霉素、乙氧萘氨青霉素、苯唑青霉素、苄青霉素、苯氧甲基青霉素、苯咪青霉素、甲氧苯青霉素、苯氧乙基青霉素，纯度均大于等于95%。

11种青霉素族抗生素标准储备液：分别称取适量标准品，分别用乙腈-水溶液溶解并定容至100mL，各种青霉素族抗生素浓度为100μg/mL，置于-18℃冰箱避光保存，保存期5d。

11种青霉素族抗生素混合标准中间溶液：分别吸取适量的标准储备液，于100mL容量瓶中，用磷酸盐缓冲溶液定容至刻度，配成混合标准中间溶液，各种青霉素族抗生素浓度为羟氨苄青霉素500ng/mL、氨苄青霉素200ng/mL、苯咪青霉素100ng/mL、甲氧苯青霉素10ng/mL、苄青霉素100ng/mL、苯氧甲基青霉素50ng/mL、苯唑青霉素200ng/mL、苯氧乙基青霉素1 000ng/mL、邻氯青霉素100ng/mL、乙氧萘氨青霉素200ng/mL、双氯青霉素1 000ng/mL。置于-4℃避光保存，保存期5d。

混合标准工作液：准确移取标准中间溶液适量，用空白样品基质配制成不同浓度系列的混合标准工作液，现用现配。

Oasis HLB固相萃取柱，或相当者：500mg/6mL。使用前用甲醇和水预处理，即先用2mL甲醇淋洗小柱，然后用1mL水淋洗小柱。

4.2.4.3 仪器和设备

液相色谱串联质谱仪。

旋转蒸发器。

固相萃取装置（带真空泵）。

离心机。

均质器。

涡旋混合器。

酸度计。

氮吹仪。

4.2.4.4 试样制备与保存

取代表性样品用组织捣碎机充分捣碎，装入洁净容器中，密封，并做好标记，于-18℃以下冷冻保存。

4.2.4.5 检测步骤

（1）提取。称取均质样品10.0g（精确到0.01g），置于50mL离心管中，加入20mL乙腈，均质提取30s，4 000r/min离心5min，上清液转移至50mL离心管中；另取一个离心管，加入50mL乙腈-水溶液，洗涤均质器刀头，用玻璃棒捣碎离心管中的沉淀，加入上述洗涤均质器刀头的溶液，在涡旋混合器上振荡1min，4 000r/min离心5min，上清液合并至50mL离心管中，重复用上述乙腈-水溶液洗涤刀头并提取一次，上清液合并至50mL离心管中，用乙腈-水溶液定容至50mL。准确移取25mL到100mL鸡心瓶中。

将鸡心瓶于旋转蒸发器上（37℃水浴），蒸发除去乙腈（易起沫样品可加入4mL饱和的氯化钠溶液）。

（2）净化。立即向已除去乙腈的鸡心瓶中加入25mL磷酸盐缓冲溶液，涡旋混匀1min，用0.1mol/L氢氧化钠调节pH值为8.5，以1mL/min的速度通过经过预处理的固相萃取柱，先用2mL磷酸盐缓冲溶液淋洗2次，再用1mL超纯水淋洗，然后用3mL乙腈洗脱（速度控制在1mL/min），将洗脱液于45℃下用氮气吹干，用0.025mol/L的磷酸盐缓冲溶液定容至1mL，过0.45μm滤膜后，立即用液相色谱-质谱/质谱测定。

4.2.4.6 测定

（1）液相色谱条件。

色谱柱：C18柱，填料粒径5μm，250mm × 4.6mm（内径），或相当者。

流动相A：0.01mol/L的乙酸铵溶液（甲酸调pH值=4.5）。

流动相B：乙腈，梯度淋洗。

流速：1mL/min。

进样量：100μL。

（2）质谱参考条件。

离子源：电喷雾离子源。

扫描方式：正离子模式。

检测方式：多反应监测（MRM）。

电喷雾电压：5 500V。

雾化器压力：0.483MPa。

气帘器压力：0.207MPa。

辅助器压力：0.621MPa。

离子源温度：700℃。

（3）液相色谱-质谱/质谱测定。根据试样中被测物的含量情况，选取响应值相近的标准工作液一起进行色谱分析，标准工作液和待测工作液中青霉素族抗生素的响应值均应在仪器线性响应范围内。对标准工作液和样液等体积进行测定。在上述色谱条件下，11种青霉素族抗生素的参考保留时间分别为羟氨苄青霉素8.5min、氨苄青霉素12.2min、苯咪青霉素16.5min、甲氧苯青霉素16.8min、苄青霉素18.1min、苯氧甲基青霉素19.4min、苯唑青霉素20.3min、苯氧乙基青霉素20.5min、邻氯青霉素21.5min、乙氧萘氨青霉素22.3min、双氯青霉素23.5min。

（4）定性测定。按照上述条件测定样品和建立标准工作曲线，如果样品中化合物的质量色谱峰的保留时间与标准溶液相比在±2.5%允许偏差之内；待测化合物的定性离子对的重构离子色谱峰的信噪比应大于等于3（S/N≥3），定量离子的重构离子色谱峰的信噪比应大于等于10（S/N≥10）。定性离子对的相对丰度与浓度相当的标准溶液相比，其允许偏差不超过表4-1规定的范围值。

（5）定量测定。按外标法使用标准工作曲线进行定量测定。

（6）空白试验。除不加试样外，均按上述步骤进行测定。

4.2.4.7 结果计算与表述

用色谱数据处理机或按式（4-4）计算青霉素族抗生素药物残留量。

$$X = \frac{AC}{A_s} \times \frac{V}{m} \times \frac{1\,000}{1\,000} \qquad (4-4)$$

式中：X为样品中被测物的残留量（μg/kg）；

C为对照标准溶液中被测组分的浓度（ng/mL）；

A_s为对照标准溶液中被测组分的峰面积；

A为样液中被测组分的峰面积；

V为样品定容体积（mL）；

m为样品称样量（g）。

注：计算结果需扣除空白值。

4.2.4.8 测定低限

11种青霉素族抗生素的测定低限分别为羟氨苄青霉素5μg/kg、氨苄青霉素2μg/kg、苯咪青霉素1μg/kg、甲氧苯青霉素0.1μg/kg、苄青霉素1μg/kg、苯氧甲基青霉素0.5μg/kg、苯唑青霉素2μg/kg、苯氧乙基青霉素10μg/kg、邻氯青霉素1μg/kg、乙氧萘氨青霉素2μg/kg、双氯青霉素10μg/kg。

4.2.5 牛乳中黄曲霉毒素M1的快速检测——双流向酶联免疫法

4.2.5.1 范围

本标准规定了牛乳中黄曲霉毒素M1的双流向酶联免疫快速定性检测方法。

本标准适用于生牛乳、巴氏杀菌乳、UHT灭菌乳和乳粉中黄曲霉毒素M1的测定。本标准的方法检出限为0.5μg/kg。

4.2.5.2 原理

利用酶联免疫竞争原理，样品中残留的黄曲霉毒素M1与定量特异性抗体反应，多余的游离抗体则与酶标板内的包被抗原结合，加入酶标记物，通过流动洗涤，和底物显色后，与标准溶液比较定性。

4.2.5.3 试剂和材料

水为符合GB/T 6682规定的二级水。

黄曲霉毒素M1双流向酶联免疫试剂盒，2～7℃保存。

黄曲霉毒素M1系列标准溶液。

酶联免疫试剂颗粒。

抗黄曲霉M1抗体（不应破损，否则立即销毁）。

酶结合物。

底物。

4.2.5.4 仪器和设备

样品试管：带有密封盖，内置酶联免疫试剂颗粒。

移液器（管）：（450±50）μL。

酶联免疫检测加热器。

酶联免疫检测读数仪。

4.2.5.5 分析步骤

（1）将加热器预热到（45±5）℃，并至少保持15min。

（2）液体试样或乳粉试样复原后振摇混匀，移取450μL至样品试管中，充分振摇，使其中的酶联免疫试剂颗粒完全溶解。

（3）将样品试管和酶联免疫检测试剂盒同时置于预热过的加热器内保温，保温时间5～6min。

（4）将样品试管内的全部内容物倒入试剂盒的样品池中，样品将流经“结果显示窗口”向绿色的激活环流去。

（5）当激活环的绿色开始消失变为白色时，立即用力按下激活环按键至底部。

（6）将试剂盒继续放置在加热器中保温4min，使呈色反应完成。

（7）将试剂盒取出，水平插入读数仪，按照触摸式屏幕的提示操作，立即执行检测结果判定程序。判定程序应在10min内完成。

4.2.5.6 检测结果的判定

（1）目测判读结果。试样点的颜色深于质控点，或两者颜色相当，检测结果为阴性。试样点的颜色浅于质控点，检测结果为阳性。

（2）酶联免疫检测读数仪判读结果。数值<1.05，显示Negative，检测结果为阴性；数值>1.05，显示Positive，检测结果为阳性。

4.2.6 生鲜乳中三聚氰胺的测定——酶联免疫吸附法

4.2.6.1 范围

本标准规定了生鲜乳中三聚氰胺检测的酶联免疫吸附测定方法。

本标准适用于生鲜乳中三聚氰胺的常规快速测定，阳性样品需用气相色谱-质谱法（GC/MS）或液相色谱质谱法（LC/MS-MS）确证。

4.2.6.2 原理

本方法是酶联免疫法中的竞争性测定法，其主要原理是：样品中游离的三聚氰胺与酶标板上固定的三聚氰胺抗原竞争特异性抗体，通过酶标Ⅱ抗的反应，洗掉游离的酶标物，再通过酶的专一性显色剂显色，根据显色的深浅来判断样品中三聚氰胺的含量。根据竞争性原理，样品中游离的三聚氰胺少，则酶标Ⅱ抗结合多，显色就深；相反，则显色浅。结果可以通过在450nm处测定吸收值计算，颜色变化的程度反映样品中三聚氰胺的含量，在一定浓度范围内吸光度的高低与样品中三聚氰胺的含量成反比。

4.2.6.3 试剂和材料

除非另有说明，本法所用试剂均为分析纯，水为符合GB/T 6682规定的二级水。

竞争酶标免疫法三聚氰胺试剂盒，2～8℃冰箱中保存。

微孔板：包被有三聚氰胺抗原。

三聚氰胺标准溶液：0、10ng/mL、30ng/mL、90ng/mL、270ng/mL、810ng/mL。

三聚氰胺酶标Ⅱ抗工作液。

三聚氰胺抗体工作液。

浓缩样本稀释液。

浓缩洗涤液。

底物A液。

底物B液。

终止液。

洗涤液：用水20倍稀释厂商提供的浓缩洗涤液。

样本稀释液：用水4倍稀释厂商提供的浓缩样本稀释液。

4.2.6.4 仪器和设备

酶标仪：配备450nm滤光片。

分析天平：感量0.000 01g、0.001g。

振荡器。

恒温干燥箱。

微量加样器及配套吸头：单道20μL、50μL、100μL、1 000μL，多道50～300μL。

4.2.6.5 测定步骤

（1）样品处理。取生鲜乳样品100μL，加入900μL样本稀释液，充分混匀，取50μL用于检测。

（2）测试程序。测定在室温20～25℃条件下操作，测定之前将试剂盒以及所有试剂在室温（20～25℃）下放置1～2h。

将足够标准和样品所用数量的孔条插入微孔架，标准和样品做两个平行实验，记录下标准和样品的位置。

分别在各孔中加50μL的标准品溶液或样品溶液。

分别在各孔中加50μL的抗体工作液。

盖好盖板膜，轻轻晃动反应板数秒，（25±2）℃反应30min。

倾出微孔中的液体，加250μL洗涤工作液，轻轻振荡30s，倾出微孔中的洗涤液，在吸水纸上拍打，彻底清除微孔中的残留液和气泡，重复上述操作3遍。

立即在每孔中加入100μL酶标Ⅱ抗工作液。

盖好盖板膜，轻轻晃动反应板数秒，（25±2）℃反应30min。

倾出微孔中的液体，加250μL洗涤工作液，轻轻振荡30s，倾出微孔中的洗涤液，在吸水纸上拍打，彻底清除微孔中的残留液和气泡，重复上述操作3遍。

立即在每孔中加入100μL AB混合液（用前5min内按体积比1∶1配制），轻轻晃动反应板数秒，（25±2）℃避光反应10～15min。

每孔加50μL终止液（推荐使用多通道加样器），轻轻振荡混匀，10min内在450nm下检测吸光度。

4.2.7 牛奶中双甲脒残留标志物残留量的测定——气相色谱法

4.2.7.1 范围

本标准规定了牛奶中双甲脒残留标志物残留检测的制样和气相色谱测定方法。本标准适用于牛奶中双甲脒残留标志物2, 4-二甲基苯胺残留量的检测。

4.2.7.2 原理

试样中残留的双甲脒，用氢氧化钠水溶液提取，水解，萃取，七氟丁酸酐衍生，气相色谱-电子捕获检测法检测，外标法定量。

4.2.7.3 试剂和材料

以下所用的试剂，除特别注明外均为分析纯试剂；水为符合GB/T 6682规定的一级水。

双甲脒对照品：含量99%。

2, 4-二甲基苯胺对照品：含量95%。

氢氧化钠：优级纯。

碳酸氢钠：优级纯。

无水硫酸钠：优级纯。

七氟丁酸酐：色谱纯。

正己烷：色谱纯。

1mol/L氢氧化钠溶液：取氢氧化钠40g，用水溶解并稀释至1 000mL。

碱性水溶液：取水1 000mL，用1mol/L的氢氧化钠溶液调pH值至9.0。

饱和碳酸氢钠溶液：取碳酸氢钠10.35g，用水溶解并稀释至1 000mL。

1mg/mL双甲脒和2, 4-二甲基苯胺标准储备液：精密称取双甲脒和2, 4-二甲基苯胺对照品各10mg，分别于10mL量瓶中，用正己烷溶解并稀释至刻度，配制成浓度为1mg/mL的双甲脒标准储备液和2, 4-二甲基苯胺标准储备液。2～8℃保存，有效期3个月。

10μg/mL混合标准工作液：精密量取1mg/mL双甲脒标准储备液和2, 4-二甲基苯胺标准储备液各1.0mL，于100mL量瓶中，用正己烷稀释至刻度，配制成浓度为10μg/mL的混合标准工作液。2～8℃避光保存，有效期1周。

4.2.7.4 仪器和设备

气相色谱仪：配电子捕获检测器。

分析天平：感量0.000 01g。

天平：感量0.01g。
离心机。
涡旋混合器。
均质机。
恒温干燥箱。
聚丙烯离心管。
具塞离心管。
圆底烧瓶。

4.2.7.5　测定步骤

（1）标准曲线的制备。精密量取2,4-二甲基苯胺标准储备液适量，用正己烷稀释，配制成浓度为10ng/mL、20ng/mL、50ng/mL、100ng/mL、200ng/mL和400ng/mL的标准溶液，各取2.0mL，按衍生化步骤处理，供气相色谱测定。以测得峰面积为纵坐标，对应的标准溶液浓度为横坐标，绘制标准曲线。求回归方程和相关系数。

（2）提取和水解。称取试样（5 ± 0.05）g，于聚丙烯离心管中，加碱性水溶液10mL，涡旋混匀，4 200r/min离心10min，取上清液于另一聚丙烯离心管中，残渣中加碱性水溶液10mL，重复提取一次，合并两次上清液。于70℃恒温干燥箱中静置50min，冷却，加正己烷10mL，涡旋混匀，静置5min，4 200r/min离心10min，取上层正己烷液于圆底烧瓶中，下层液加正己烷5mL重复萃取一次，合并两次正己烷层液，于45℃旋转蒸发至干，用正己烷2.0mL溶解残余物，备用。

（3）衍生和净化。取备用液于具塞离心管中，加七氟丁酸酐10μL，混匀，于60℃恒温90min，其间每隔30min取出超声5min。衍生后静置10min，加饱和碳酸氢钠溶液2mL，混匀，取有机相层，加无水硫酸钠2g去水，供气相色谱测定。

（4）测定。

①色谱条件：

色谱柱：Rtx-1毛细管柱（30m × 0.25mm）或相当者。

柱温：程序升温，见表4-2。

表4-2　程序升温

升温速率（℃/min）	初始温度（℃）	停留时间（min）
7	50	0
	220	5

柱流速：1mL/min。

分析时间：27min。

进样口温度：250℃。

进样量：1μL。

载气：氮气（纯度≥99.999%），30mL/min。

分流模式：分流，分流比50：1。

检测器温度：300℃。

②测定法：取试样溶液和相应的标准溶液，做单点或多点校准，按外标法，以峰面积计算。标准溶液及试样溶液中双甲脒和2,4-二甲基苯胺响应值应在仪器检测的线性范围之内。

4.2.7.6 结果计算与表述

试样中双甲脒的残留量（μg/kg）按式（4-5）计算。

$$X = \frac{A \times C_s \times V \times 1.21}{A_s \times m} \qquad (4-5)$$

式中：X为供试试样中双甲脒残留量（μg/kg）；

A为试样溶液中2,4-二甲基苯七氟丁酰胺的峰面积；

C_s为标准工作液中2,4-二甲基苯胺的浓度（ng/mL）；

V为萃取用正己烷的体积（mL）；

1.21为2,4-二甲基苯胺计算成双甲脒的校正系数；

A_s为标准工作液中2,4-二甲基苯七氟丁酰胺的峰面积；

m为供试试样质量（g）。

注：计算结果需扣除空白值。测定结果用平行测定的算术平均值表示，保留3位有效数字。

4.2.7.7 检验方法灵敏度、准确度和精密度

（1）灵敏度。本方法的检测限为2μg/kg，定量限为5μg/kg。

（2）准确度。本方法在5～20μg/kg添加浓度水平上的回收率为70%～110%。

（3）精密度。本方法的批内相对标准偏差≤15%，批间相对标准偏差≤20%。

4.2.8 牛奶中喹诺酮类药物多残留的测定——高效液相色谱法

方法一

4.2.8.1 范围

本方法规定了牛奶中喹诺酮类药物残留量检测的制样和高效液相色谱测定方法。

本方法适用于牛奶中环丙沙星、达氟沙星、恩诺沙星、沙拉沙星和二氟沙星单个或多个药物残留量检测。

4.2.8.2 原理

试样中残留的喹诺酮类药物，用乙腈提取，旋转蒸发至近干，流动相溶解。高效液相色谱-荧光测定，外标法定量。

4.2.8.3 试剂与材料

以下所用的试剂，除特别注明外均为分析纯试剂；水为符合GB/T 6682规定的一级水。

达氟沙星、恩诺沙星、环丙沙星、沙拉沙星和二氟沙星对照品：含量≥99.0%。

磷酸。

氢氧化钠。

乙腈：色谱纯。

三乙胺。

氢氧化钠饱和溶液：取氢氧化钠适量，加水振摇使其成饱和溶液，冷却后，置聚乙烯塑料瓶中，静置至澄清。

5mol/L氢氧化钠溶液：取氢氧化钠饱和溶液28mL，用水溶解并稀释至100mL。

0.03mol/L氢氧化钠溶液：取5mol/L氢氧化钠溶液0.6mL，用水溶解并稀释至100mL。

0.05mol/L磷酸三乙胺溶液：取磷酸3.4mL，用水溶解并稀释至1 000mL。用三乙胺调pH值至2.4。

喹诺酮类药物混合标准储备液：精密称取达氟沙星对照品10mg，恩诺沙星、环丙沙星、沙拉沙星和二氟沙星对照品各50mg，于50mL量瓶中，用0.03mol/L氢氧化钠溶液溶解并稀释至刻度，配制成达氟沙星浓度为0.2mg/mL，环丙沙星、恩诺沙星、沙拉沙星和二氟沙星浓度为1mg/mL的喹诺酮类药物混合标准储备液。

2～8℃保存，有效期3个月。

喹诺酮类药物混合标准工作液：精密量取喹诺酮类药物混合标准储备液1.0mL，于100mL量瓶中，用流动相稀释，配制成达氟沙星浓度为2μg/mL，环丙沙星、恩诺沙星、沙拉沙星和二氟沙星浓度为10μg/mL的喹诺酮类药物混合标准工作液。2～8℃保存，有效期1周。

4.2.8.4 仪器设备

高效液相色谱仪：配荧光检测器。

分析天平：感量0.000 01g。

天平：感量0.01g。

振荡器。

离心机。

聚四氟乙烯离心管：50mL。

鸡心瓶：25mL。

滤膜：0.45μm。

4.2.8.5 测定步骤

（1）提取。称取试样（2±0.05）g，于50mL离心管中，加磷酸100μL，乙腈4mL，涡旋混匀，中速振荡5min，10 000r/min离心10min，取上清液于另一离心管中，加正己烷5mL，涡旋1min静置，取下层清液于25mL鸡心瓶中。残渣中加乙腈4mL，重复提取一次，上清液经同一份正己烷分配，合并两次提取液于50℃旋转蒸发至仅剩余不易蒸干的黄色油滴。用流动相1.0mL溶解残余物，滤膜过滤，供高效液相色谱法测定。

（2）标准曲线制备。精密量取喹诺酮类药物混合标准工作液适量，用流动相稀释，配制成环丙沙星、恩诺沙星、沙拉沙星和二氟沙星浓度均为5μg/L、10μg/L、50μg/L、100μg/L、300μg/L和500μg/L，达氟沙星浓度为1μg/L、2μg/L、10μg/L、20μg/L、60μg/L和100μg/L的系列标准溶液，供高效液相色谱测定。以测得峰面积为纵坐标，对应的标准溶液浓度为横坐标，绘制标准曲线。求回归方程和相关系数。

（3）测定。

①色谱条件：

色谱柱：C18（250mm×4.6mm，粒径5μm）或相当者。

流动相：0.05mol/L磷酸溶液-三乙胺+乙腈（90+10，体积比），滤膜过滤。

流速：1.8mL/min。

检测波长：激发波长280nm，发射波长450nm。

柱温：30℃。

进样量：20μL。

②测定法：取试样溶液和相应的标准溶液，作单点或多点校准，按外标法，以峰面积计算。标准溶液及试样溶液中环丙沙星、达氟沙星、恩诺沙星、沙拉沙星和二氟沙星响应值应在仪器检测的线性范围之内。

（4）空白试验。除不加试样外，采用完全相同的测定步骤进行平行操作。

4.2.8.6　结果计算和表述

试样中喹诺酮类药物残留量（μg/kg）按式（4-6）计算。

$$x = \frac{c \times V}{m} \tag{4-6}$$

式中：x为供试试样中相应的喹诺酮类药物残留量（μg/kg）；

c为试样溶液中相应的喹诺酮类药物浓度（ng/mL）；

V为溶解残渣所用流动相体积（mL）；

m为供试试样质量（g）。

注：计算结果需扣除空白值。测定结果用平行测定的算术平均值表示，保留3位有效数字。

4.2.8.7　检测方法灵敏度、准确度和精密度

（1）灵敏度。本方法环丙沙星、恩诺沙星、沙拉沙星和二氟沙星的检测限为5μg/kg，定量限为10μg/kg；达氟沙星的检测限为1μg/kg，定量限为2μg/kg。

（2）准确度。本方法在10～100μg/kg添加浓度水平上的回收率为60%～100%。

（3）精密度。本方法的批内相对标准偏差≤15%，批间相对标准偏差≤20%。

方法二

4.2.8.8　范围

本方法规定了牛奶中11种喹诺酮类药物残留量检测的制样和高效液相色谱测定方法。

本方法适用于牛奶中恩诺沙星、环丙沙星、达氟沙星、沙拉沙星、二氟沙星、诺氟沙星、氧氟沙星、培氟沙星、洛美沙星、氟甲喹和噁喹酸单个或多个药物残留检测。

4.2.8.9 原理

试样中残留的喹诺酮类药物，用10%三氯乙酸-乙腈提取，反相聚合物SPE柱净化，流动相溶解，高效液相-荧光法测定，外标法定量。

4.2.8.10 试剂和材料

以下所有试剂，除特别注明者外均为分析纯试剂；水为符合GB/T 6682规定的一级水。

恩诺沙星、盐酸环丙沙星、甲磺酸达氟沙星、沙拉沙星、二氟沙星、诺氟沙星、氧氟沙星、甲磺酸培氟沙星、盐酸洛美沙星、氟甲喹和噁喹酸对照品：含量≥98.0%。

乙腈：色谱纯。

甲醇：色谱纯。

无水乙醇。

乙酸。

柠檬酸。

乙酸胺。

三乙胺。

氢氧化钠。

三氯乙酸。

SPE反相聚合物柱：Strata-X填料，60mg/3mL，或相当者。

10%乙酸溶液：取乙酸10mL，用水溶解并稀释至100mL。

0.5mol/L氢氧化钠溶液：取氢氧化钠2g，用水溶解并稀释至100mL。

10%三氯乙酸溶液：取三氯乙酸100g，用水溶解并稀释至1 000mL。

乙腈-10%三氯乙酸溶液：取乙腈10mL，用10%三氯乙酸溶液溶解并稀释至100mL。

10%甲醇水溶液：取甲醇10mL，用水溶解并稀释至100mL。

柠檬酸-乙酸胺缓冲液：取柠檬酸10.56g、乙酸胺7.87g，用水溶解并稀释至1 000mL，用三乙胺调pH值至4.0，滤膜过滤。

乙腈-柠檬酸/乙酸胺缓冲液：取乙腈8mL，用柠檬酸/乙酸胺缓冲液溶解并稀释至100mL。

1mg/mL诺氟沙星、氧氟沙星、恩诺沙星、沙拉沙星和二氟沙星标准储备液：精密称取诺氟沙星、氧氟沙星、恩诺沙星、沙拉沙星和二氟沙星对照品各适量，分别置于10mL量瓶中，用乙酸溶液200μL溶解，用甲醇稀释至刻度，配制成浓度为1mg/mL的喹诺酮类药物标准储备液。-20℃以下保存，有效期6个月。

1mg/mL环丙沙星、洛美沙星、培氟沙星和达氟沙星标准储备液：精密称取盐酸环丙沙星、盐酸洛美沙星、甲磺酸培氟沙星和甲磺酸达氟沙星对照品各适量，分别置于10mL量瓶中，用水200μL溶解，用甲醇稀释至刻度，配制成浓度为1mg/mL的喹诺酮类药物标准储备液。-20℃以下保存，有效期6个月。

1mg/mL氟甲喹和噁喹酸标准储备液：精密称取氟甲喹和噁喹酸对照品适量，分别置于10mL量瓶中，用氢氧化钠溶液400μL溶解，用甲醇稀释至刻度，配制成浓度为1mg/mL的喹诺酮类药物标准储备液。-20℃以下保存，有效期6个月。

喹诺酮类药物混合标准工作液：精密量取喹诺酮类药物标准储备液各适量于量瓶中，用水溶解并稀释至刻度，配制成诺氟沙星、环丙沙星、氧氟沙星、培氟沙星、洛美沙星、恩诺沙星、沙拉沙星、二氟沙星和噁喹酸浓度为8μg/mL，氟甲喹浓度为4μg/mL，达氟沙星浓度为2.4μg/mL的混合标准工作液。-20℃以下保存，有效期1个月。

4.2.8.11 仪器和设备

高效液相色谱仪：配荧光检测器。

分析天平：感量0.000 01g。

天平：感量0.01g。

均质机。

涡旋混合仪。

超声波水浴。

高速冷冻离心机。

氮气吹干浓缩仪。

固相萃取装置。

滤膜：0.45μm。

聚丙烯离心管。

4.2.8.12 测定步骤

（1）标准曲线的制备。精密量取混合标准工作液适量，用水稀释，涡旋混匀，使达氟沙星浓度为15μg/L、30μg/L、60μg/L、120μg/L、240μg/L和480μg/L，氟甲喹浓度为25μg/L、50μg/L、100μg/L、200μg/L、400μg/L和800μg/L，其他喹诺酮类药物浓度为50μg/L、100μg/L、200μg/L、400μg/L、800μg/L和1 600μg/L的系列标准溶液，供高效液相色谱测定。以峰面积为纵坐标，对应的标准溶液浓度为横坐标，绘制标准曲线。求回归方程和相关系数。

（2）提取。称取试样（1±0.02）g，于15mL聚丙烯离心管中，加乙腈-10%三氯乙酸溶液5mL，涡旋混匀，超声5min，于4℃ 8 000r/min离心6min，取上清液，备用。

（3）净化。SPE柱依次用甲醇3mL和水3mL活化，取备用液过柱，控制流速1mL/min，用10%甲醇水溶液3mL淋洗，抽干，用甲醇3mL洗脱，抽干。收集洗脱液，于60～70℃氮气吹干，用乙腈-柠檬酸/乙酸胺缓冲液500μL溶解残余物，涡旋混匀，于4℃以下12 000r/min离心6min，取上清液，供高效液相色谱测定。

（4）测定。

①色谱条件：

色谱柱：C18（250mm×4.6mm，粒径5μm），或相当者。

流动相：乙腈-柠檬酸/乙酸胺缓冲液，梯度洗脱见表4-3。

表4-3　流动相梯度洗脱变化设置

时间（min）	流量（mL/min）	乙腈（%）	柠檬酸/乙酸胺缓冲液（%）	曲线
0.01	2.0	8	92	—
30.0	2.0	55	45	9
32.0	2.0	8	92	—
35.0	2.0	8	92	—

柱温：50℃。

进样量：20μL。

荧光检测器：程序波长变化设置见表4-4。

延迟5min后进下一试样。

表4-4　荧光波长程序变化设置

时间（min）	激发波长（nm）	发射波长（nm）
0	278	465
23.4	312	366
32.0	278	465

②测定法：取试样溶液和相应的标准溶液，作单点或多点校准，按外标法，以峰面积计算。标准溶液及试样溶液中喹诺酮类药物响应值应在仪器检测的线性范围之内。

（5）空白试验。除不加试样外，采用完全相同的测定步骤进行平行操作。

4.2.8.13　结果计算和表述

标准曲线校准：将标准曲线的浓度和对应峰面积进行回归分析，然后按式（4-7）计算。

$$x = \frac{A - b}{a} \tag{4-7}$$

式中：x为供试试样中相应的喹诺酮类药物残留量（μg/kg）；

A为供试试样中相应的喹诺酮药物处理后试样溶液中被测喹诺酮类药物的色谱峰面积；

b为标准曲线回归方程中截距；

a为标准曲线回归方程中斜率。

注：计算结果需扣除空白值。测定结果用平行测定的算术平均值表示，保留3位有效数字。

4.2.8.14　检测方法灵敏度、准确度与精密度

（1）灵敏度。本方法诺氟沙星、氧氟沙星、环丙沙星、培氟沙星、洛美沙星、恩诺沙星、沙拉沙星、二氟沙星和噁喹酸检测限为25μg/kg，定量限为50μg/kg；达氟沙星的检测限为7.5μg/kg，定量限为15μg/kg；氟甲喹检测限为12.5μg/kg，定量限为25μg/kg。

（2）准确度。本方法诺氟沙星、氧氟沙星、环丙沙星、培氟沙星、洛美沙星、恩诺沙星、沙拉沙星、二氟沙星、噁喹酸在50～200μg/kg，达氟沙星在15～60μg/kg，氟甲喹在25～100μg/kg，添加浓度水平上的回收率为60%～110%。

（3）精密度。本方法的批内相对标准偏差≤15%，批间相对标准偏差≤20%。

5 重金属残留

5.1 概述

5.1.1 重金属及其危害

重金属是指比重大于5的金属（一般来讲密度大于4.5g/cm^{3}的金属），大多数金属都是重金属，它们的化学性质一般比较稳定，每种重金属都有各自的性质。其中有毒重金属包括汞（Hg）、铅（Pb）、镉（Cd）、铬（Cr）、砷（As）、锌（Zn）、锡（Sn）等。根据重金属元素对人类的危害不同，又将它们区分为中等毒性元素（Cu、Zn、Sn）和强毒性元素（Hg、As、Pb、Cd、Cr）等。重金属具有累积效应，在体内的降解速度缓慢，长期饮用含有重金属残留的乳品，会毒害人体肝脏、脾脏、骨髓和免疫系统。在环境污染方面所说的重金属主要是指汞（水银）、镉、铅、铬以及类金属砷等生物毒性显著的重元素。重金属非常难以被生物降解，相反却能在食物链的生物放大作用下，成千百倍地富集，最后进入人体。重金属可以通过两种方式对人体产生伤害，一是人体内过量的重金属离子会与蛋白质分子中的巯基、氨基、羧基和羟基等酶的活性基团紧密结合，使这些生理活性点被封闭，从而使酶正常的立体结构发生畸变，失去应有的活性；二是有些金属离子可以置换酶中的其他金属离子，使酶失去本来的生理活性，对生物和人体产生极大的毒害作用。其中又以铅、镉、砷、汞和铬毒性最大，被称为“五毒”重金属，它们的污染危害已成为世界重大的环境问题。震惊世界的富山事件就是镉污染引起的“骨痛病”造成的公害，还有汞污染引起的“水俣病”公害。Hg、As、Pb、Cd、Cr及其化合物能够在人体内长期积累，而且潜伏期较长，因而对人体健康构成极大的威胁。表5-1列出了常见重金属对人体的危害情况。由于有毒重金属元素对人体的健康危害很大，同时又属于累积性毒物，所以在饮用水和食品方面对其含量严格控制。

表5-1　重金属对人体的危害

重金属元素	对人体的危害
铅及其化合物	铅可与人体内一系列蛋白质、酶和氨基酸内的官能团（如巯基）结合，干扰机体许多方面的生化和生理活动。铅的毒性主要是作用于骨髓造血系统和神经系统。急性铅中毒症状为腹绞痛、肝炎、肾炎、高血压、周围神经炎及贫血；慢性铅中毒症状是神经衰弱症等
汞及其化合物	汞与各种蛋白质的巯基极易结合，且很难分离，从而会引起人体消化道、口腔、肾脏、肝脏等的损害；慢性中毒时，会引起神经衰弱症候群，表现为极易兴奋、口腔炎症、肾功能损害、眼晶体变形、甲状腺肿大等
镉及其化合物	主要分布于胃、肝脏、胰腺和甲状腺内，其次是胆囊和骨骼中。慢性镉中毒表现为镉代替了骨骼中钙而使骨质变软，患者长期卧床，营养不良，最后发生废用性萎缩，并发生肾功能衰竭和感染等合并症而死亡
铬及其化合物	被血液吸收后可迅速弥散到全身各器官，抑制酶活性、干扰蛋白质、核糖核酸的合成，最终导致肾脏、肝脏以及肺的严重受损，同时对皮肤有过敏和刺激作用
砷及其化合物	可引起食欲不振，体重减轻，腹泻、便秘、肠胃功能障碍和神经炎、结膜炎、肝硬化等，并可引起皮肤癌。有机砷中毒可引起头晕、恶心、呕吐、腹胀绞痛等症状

成年人铬参考摄入量为30μg/d，过量摄入会导致皮肤损坏及肝肾等器官的损伤。砷为非金属元素，存在有机砷和无机砷两种形态，无机砷的毒性高于有机砷，国际癌症研究署（International Agency for Research on Cancer，IARC）基于无机砷可诱导原发性癌症，确认无机砷为致癌物。美国疾病和毒物登记署（Agency for Toxic Substances and Disease Registry，ATSDR）规定砷慢性摄入量最大值为0.000 3mg/（kg·d），世界粮农组织/世界卫生组织食品添加剂联合专家委员会（the FAO/WHO Joint Expert Committee on Food Additives，JECFA）针对无机砷的评价结果，提出了无机砷临时每周允许摄入量（Provisional Tolerable Weekly Intake，PTWI）为0.015mg/kg体重。

5.1.2　生鲜乳中重金属污染来源

Pb、Cd、As、Hg等重金属元素，人体除了会通过环境和空气接触暴露，饮食摄入也是主要的暴露途径。如Cd、Cr、Co、Ni等可能会污染环境，然后通过饲料，转移到奶及奶制品中。奶及奶制品中可能由环境条件、生产过程和生产过程中造成的污染引入有毒金属元素。正常情况下，生鲜乳中的重金属残留主要来源于饲料、饮水以及奶畜服用中草药而引起。生乳中潜在有害元素可通过饮用奶制品对人体健康产生影响。环境中的汞来源于自然存在和人类活动，奶牛采食含有高浓度汞的饲料和水后，可在奶牛体内富集，进而转移到牛奶中。汞在体内的毒物动力学与暴露者接触的汞形态有关，有机汞比无机汞具有更强的毒性，且具有神经毒性，FAO/WHO食品添加剂联合专家委员会2003年制定了汞和镉的PTWI，分别为7.0μg/kg体重和1.6μg/kg体重。铅是重金属污染中毒性较大的一种，乳制品中的铅是由于奶牛摄入、饮用高铅含量的饲料和水，将其代谢到牛奶中而形成的。铅一旦进入人体很难排除，当铅长期蓄积于人体时，会严重危害神经、造血系统及消化系统。铅对神经系统有很强的毒性，儿童神经系统正处于快速生长及成熟阶段，对铅毒性尤为敏感。

5.1.3 生鲜乳中重金属限量

限量可定义为污染物在食品原料和（或）食品成品可食用部分中允许的最大含量水平。我国和其他国家或国际组织均对牛奶中的不同重金属制定了最大残留限量，我国《食品安全国家标准　食品中污染物限量》对生乳中最大残留限量（MRL）有明确强制限定，标准中常见且对人体危害较大的重金属元素包括铅（Pb）、铬（Cr）、汞（Hg）和砷（As）等，欧盟（European Union，EU）No.1881—2006中规定了生乳中铅的最大残留限量，国际食品法典委员会（Codex Alimentarius Commission，CAC）规定生乳中铅的最大残留限量。我国《农产品安全质量　无公害乳与乳制品产地环境要求》中，对奶畜饮水中元素含量做了明确规定。美国国家研究委员会（National Research Council，NRC）给出了奶牛饮水中微量元素含量推荐最大摄入量。生乳中重金属元素最大残留限量见表5-2。

表5-2　生乳中重金属元素最大残留限量

元素	中国（mg/kg）	欧盟（mg/kg）	CAC（mg/kg）
铬	0.3		
铅	0.05	0.02	0.02
镉		0.01*	
砷	0.1		
汞	0.01		

注：0.01*指婴幼儿食品中限量值。

5.1.4 重金属污染物研究分析现状

重金属属于原料乳中的主要危害物质，其检测也属于必检项目。随着科技的不断发展，重金属检测分析方法由传统分析方法到仪器分析方法逐步转变。目前重金属检测前处理方法主要包括湿法消解法、干法消解法、高压消解法、微波消解法、超声辅助酸提取法（Ultrasonic assisted acid extraction，UAE）等；分析方法主要包括光谱法和电化学法，其中光谱法包括原子荧光光谱法（Atomic fluorescence spectroscopy，AFS）、原子吸收光谱法（Atomic absorption spectroscopy，AAS）、原子发射光谱法（Atomic emission spectroscopy, AES）、质谱法（Mass spectrometer，MS）等；电化学法包括伏安法（Voltammetry）、极谱法（Polarography）、电位分析法（Potentiometric methods）、电导分析法（Conductometry）等。

5.1.4.1 重金属污染物分析前处理方法

（1）湿法消解。在碱或酸加热环境下破坏样品的有机组分，分解成水、二氧化碳与其他气体，待测元素被溶出。此法直接、有效、经济、应用范围广、操作过程较为安全，但其操作条件不易控制，所用试剂量较大且所用试剂大多为强腐蚀性、强氧化性试剂，试剂与试样盛放器皿内壁易产生反应对试样造成污染，可能导致样品空白值高。此法操作用时长，自动化程度低，开放式的消煮容易造成交叉污染。方兰云（2011）等常温下用硝酸对样品进行预消解，后进行加热至完全消解，对湿法消解进行改进消解海带的标准物质，检测结果与标准参考值接近，试验效果良好。

（2）干法灰化。利用高温除去样品中有机组分，在使用适当浓度的酸溶液溶解含有待测元素的灰分，使待测元素处于溶解状态进行下一步分析。对于高温易分解的元素，如汞、铅、镉、锡、硒等不适合采用此法进行前处理。Sahayam 等（2010）对青苔、面粉、烟叶等样品干法灰化处理，用感应耦合等离子体质谱仪对试样中所含砷（As）元素进行分析，对比微波消解法分析结果接近。祖兆忠等（2008）通过比较干法灰化与湿法消解得出干法灰化后的溶解用酸浓度低，可以避免湿法消解过程中酸试剂过多，酸浓度高而引起的空白值高、显色反应的选择性差等问题。

（3）高压消解。在高温高压条件下在密闭罐保温一定时间进行样品快速消解，此方法可减少易挥发组分的损失，降低酸的使用量，降低空白值，但是所需时间较长。

（4）微波消解。利用微波能够加热极性液体及可穿透绝缘体等特性，在特质消解罐中加入样品及硝酸，强极性溶液在短时间内达到较高温度和压力，使样品得到快速消解。密闭消解罐可以减少试样中易挥发组分的损失，同时可以降低酸的用量，减少氮氧化物的排放，降低空白值，减少环境污染及大量酸对操作人员的危害。缺点在于消解仪内腔单次盛放消解罐数量有限，即单次处理试样数量有限，不便于大量样品处理，且由于微波的特性此法不适于含油量高样品。陈光（2009）、李凝（2010）使用微波消解代替湿法消解进行样品前处理，发现微波消解对样品消解速度快，可以达到较低检出限、高灵敏度及宽线性范围的要求。

（5）超声辅助提取技术。利用超声波的机械效应、空化作用及热效应增大介质分子穿透力和运动速度，从而可加速胞内物质释放、扩散及溶解，加快提取分离速度，此技术被广泛应用于环境科学和环境地球学、生物学等领域，且受电振动频率、强度、提取溶剂性质和样品颗粒大小因素影响。

5.1.4.2 重金属污染物分析

目前用于食品中痕量重金属分析的技术有原子吸收光谱法（AAS）、原子荧光光谱法（AFS）、电感耦合等离子原子发射光谱法（ICP-AES）、电感耦合等离子质谱法（ICP-MS）。

原子吸收光谱法（AAS）原理是利用基态原子跃迁到激发态伴随原子发射光谱过程的辐射，光源辐射光内含有待测元素特征谱线，当辐射光通过试样蒸气时被蒸气中待测元素基态原子吸收，通过辐射特征谱线光被减弱程度测定试样中待测元素含量。此法分为石墨炉法和火焰法，石墨炉法要求试样背景干扰小且不含杂质，原子吸收光谱石墨炉法的原子化程度比较高，样品用量少，灵敏度高，可以用于检测固体或较黏稠的样品，检出限可达10^{-11}～10^{-7}g/g数量级，灵敏度比原子吸收光谱火焰法高100倍，火焰法的原子化程度一般，样品用量较大，且使用过程中会用到乙炔气体，在使用及存储过程容易发生爆炸事故。

原子荧光光谱法（AFS）指待测原子吸收特定光谱辐射能量后，由较稳定的低能态被激发至不稳定的高能态，后从高能态跃迁到低能态时发射出特定波长荧光，通过对荧光强弱程度的检测分析待测元素浓度。赖冬梅（2010）等使用AFS法检测土壤中镉，发现抗坏血酸–磺胺络合溶液具较强的增效效果，测镉相关系数R^2达到0.999 3，检出限为0.08μg/L。

电感耦合等离子体原子发射光谱法（ICP-AES）是利用电感耦合等离子体激发试样成分中原子，产生各种谱线，其特征谱线的长度与波长是试样中各组分及其含量测定的依据。陈辉（2010）利用微波消解法处理冬虫夏草样品，电感耦合等离子体原子发射光谱法测定试样中砷、铬、铜、铅4种重金属元素，回收率范围在96%～103%。鞠福龙（2010）等采用ICP-AES法测定果蔬中砷、铅、铬、镉、锡、铜6种重金属元素，该方法中各元素加标回收率范围在91%～107%。

电感耦合等离子体质谱法（ICP-MS）利用电感耦合等离子体使样品气化将待测金属分离出来，后利用质谱对待测元素进行测定。Capdevila（2003）等采用电感耦合等离子体质谱法测定蔬菜中重金属铅（Pb）、镉（Cd）元素。Baba（2003）等采用ICP-MS法测定3种米粉中镉含量，标准曲线在0.023～1.82mg/kg

的范围内线性关系良好。

5.2 检测技术应用

5.2.1 石墨炉原子吸收光谱法测定生鲜乳中镉的含量

5.2.1.1 范围

本方法适用于生鲜乳中镉的测定。方法检出限为0.001mg/kg，定量限为0.003mg/kg。

5.2.1.2 原理

试样经灰化或酸消解后，注入一定量样品消化液于原子吸收分光光度计石墨炉中，电热原子化后吸收228.8nm共振线，在一定浓度范围内，其吸光度值与镉含量成正比，采用标准曲线法定量。

5.2.1.3 试剂和材料

除非另有说明，本方法所用试剂均为分析纯，水为GB/T 6682规定的二级水。所用玻璃仪器均需以硝酸溶液（1+4）浸泡24h以上，用水反复冲洗，最后用去离子水冲洗干净。

硝酸（HNO_3）：优级纯。

盐酸（HCl）：优级纯。

高氯酸（$HClO_4$）：优级纯。

过氧化氢（H_2O_2，30%）。

磷酸二氢铵（$NH_4H_2PO_4$）。

1%硝酸溶液：取10.0mL硝酸加入100mL水中，稀释至100mL。

盐酸溶液（1+1）：取50mL盐酸慢慢加入50mL水中。

硝酸-高氯酸混合溶液（9+1）：取9份硝酸与1份高氯酸混合。

磷酸二氢铵溶液（10g/L）：称取10.0g磷酸二氢铵，用100mL硝酸溶液（1%）溶解后定量移入1 000mL容量瓶，用硝酸溶液（1%）定容至刻度。

标准品：金属镉（Cd）标准品，纯度为99.99%或经国家认证并授予标准物质证书的标准物质。

镉标准储备液（1 000mg/L）：准确称取1g金属镉标准品（精确至0.000 1g）于小烧杯中，分次加20mL盐酸溶液（1+1）溶解，加2滴硝酸，移入1 000mL容量瓶中，用水定容至刻度，混匀；或购买经国家认证并授予标准物质证书的标准物质。

镉标准使用液（100ng/mL）：吸取镉标准储备液10.0mL于100mL容量瓶中，用硝酸溶液（1%）定容至刻度，如此经多次稀释成每毫升含100ng镉的标准使用液。

镉标准曲线工作液：准确吸取镉标准使用液0、0.50mL、1.0mL、1.5mL、2.0mL、3.0mL于100mL容量瓶中，用硝酸溶液（1%）定容至刻度，即得到含镉量分别为0ng/mL、0.50ng/mL、1.0ng/mL、1.5ng/mL、2.0ng/mL、3.0ng/mL的标准系列溶液。

5.2.1.4 仪器和设备

原子吸收分光光度计，附石墨炉。

镉空心阴极灯。

电子天平：感量为0.1mg和1mg。

可调温式电热板、可调温式电炉。

马弗炉。

恒温干燥箱。

压力消解器、压力消解罐。

微波消解系统：配聚四氟乙烯或其他合适的压力罐。

5.2.1.5 试样制备

按样品保存条件保存备用。含气样品使用前应除气。

5.2.1.6 试样消解

可根据实验室条件选用以下任何一种方法消解，称量时应保证样品的均匀性。

（1）压力消解罐消解法。准确称取鲜（湿）试样1～2g（精确到0.001g）于聚四氟乙烯内罐，加硝酸5mL浸泡过夜。再加过氧化氢溶液（30%）2～3mL（总量不能超过罐容积的1/3）。盖好内盖，旋紧不锈钢外套，放入恒温干燥箱，120～160℃保持4～6h，在箱内自然冷却至室温，打开后加热赶酸至近干，将消化液洗入10mL或25mL容量瓶中，用少量硝酸溶液（1%）洗涤内罐和内盖3次，洗液合并于容量瓶中并用硝酸溶液（1%）定容至刻度，混匀备用。同时做试剂空白试验。

（2）微波消解。准确称取鲜（湿）试样1～2g（精确到0.001g）置于微波消解罐中，加5mL硝酸和2mL过氧化氢。微波消化程序可以根据仪器型号调至最佳条件。消解完毕，待消解罐冷却后打开，消化液呈无色或淡黄色，加热赶酸至近干，用少量硝酸溶液（1%）冲洗消解罐3次，将溶液转移至10mL或25mL容量瓶中，并用硝酸溶液（1%）定容至刻度，混匀备用。同时做试剂空白试验。

（3）湿式消解法。准确称取鲜（湿）试样1～2g（精确到0.001g）于锥形瓶中，放数粒玻璃珠，加10mL硝酸-高氯酸混合溶液（9+1），加盖浸泡过夜，加一小漏斗在电热板上消化，若变棕黑色，再加硝酸，直至冒白烟，消化液呈无色透明或略带微黄色，放冷后将消化液洗入10mL或25mL容量瓶中，用少量硝酸溶液（1%）洗涤锥形瓶3次，洗液合并于容量瓶中并用硝酸溶液（1%）定容至刻度，混匀备用。同时做试剂空白试验。

（4）干法灰化。准确称取液态试样1～2g（精确到0.001g）于瓷坩埚中，先小火在可调式电炉上炭化至无烟，移入马弗炉500℃灰化6～8h，冷却。若个别试样灰化不彻底，加1mL混合酸在可调式电炉上小火加热，将混合酸蒸干后，再转入马弗炉中500℃继续灰化1～2h，直至试样消化完全，呈灰白色或浅灰色。放冷，用硝酸溶液（1%）将灰分溶解，将试样消化液移入10mL或25mL容量瓶中，用少量硝酸溶液（1%）洗涤瓷坩埚3次，洗液合并于容量瓶中并用硝酸溶液（1%）定容至刻度，混匀备用。同时做试剂空白试验。

试验要在通风良好的通风橱内进行。

5.2.1.7 仪器参考条件

根据所用仪器型号将仪器调至最佳状态。原子吸收分光光度计（附石墨炉及镉空心阴极灯）测定参考条件如下：

波长228.8nm，狭缝0.2～1.0nm，灯电流2～10mA，干燥温度105℃，干燥时间20s。

灰化温度400～700℃，灰化时间20～40s。

原子化温度1 300～1 300℃，原子化时间3～5s。

背景校正为塞曼效应。

5.2.1.8 标准曲线的制作

将标准曲线工作液按浓度由低到高的顺序各取20μL注入石墨炉，测其吸光度值，以标准曲线工作液的浓度为横坐标，相应的吸光度值为纵坐标，绘制标准曲线并求出吸光度值与浓度关系的一元线性回归方程。标准系列溶液应不少于5个点的不同浓度的镉标准溶液，相关系数不应小于0.995。如果有自动进样装置，也可用程序稀释来配制标准系列。

5.2.1.9 试样溶液的测定

于测定标准曲线工作液相同的试验条件下，吸取样品消化液20μL（可根据使用仪器选择最佳进样量），注入石墨炉，测其吸光度值。代入标准系列的一元线性回归方程中求样品消化液中镉的含量，平行测定次数不少于两次。若测定结果超出标准曲线范围，用硝酸溶液（1%）稀释后再行测定。

5.2.1.10 基体改进剂的使用

对有干扰的试样，和样品消化液一起注入石墨炉5μL基体改进剂磷酸二氢铵溶液（10g/L），绘制标准曲线时也要加入与试样测定时等量的基体改进剂。

5.2.1.11 分析结果的表述

试样中镉含量按式（5-1）计算。

$$X = \frac{c \times V}{m \times 1\,000} \tag{5-1}$$

式中：X为试样中镉含量（mg/kg或mg/L）；

c为样品溶液镉浓度减去空白溶液中镉的浓度（ng/mL）；

V为消化液总体积（mL）；

m为样品质量或体积（g）；

1 000为换算系数。

以重复性条件下获得的两次独立测定结果的算术平均值表示，结果保留2位有效数字。

5.2.1.12 精密度

在重复性条件下获得的两次独立测定结果的绝对差值不得超过算术平均值的20%。

5.2.2 石墨炉原子吸收光谱法测定生鲜乳中铬的含量

5.2.2.1 范围

本方法适用于生鲜乳中铬的测定。方法的检出限为0.01mg/kg，定量限为0.03mg/kg。

5.2.2.2 原理

试样经消解处理后，采用石墨炉原子吸收光谱法，在357.9nm处测定吸收值，在一定浓度范围内其吸收值与标准系列溶液比较定量。

5.2.2.3 试剂和材料

除非另有规定，本方法所用试剂均为优级纯，水为GB/T 6682规定的二级水。

硝酸（HNO_3）。

高氯酸（$HClO_4$）。

磷酸二氢铵（$NH_4H_2PO_4$）。

硝酸溶液（5+95）：量取50mL硝酸慢慢倒入950mL水中，混匀。

硝酸溶液（1+1）：量取250mL硝酸慢慢倒入250mL水中，混匀。

磷酸二氢铵溶液（20g/L）：称取2.0g磷酸二氢铵，溶于水中，并定容至100mL，混匀。

标准品：重铬酸钾（$K_2Cr_2O_7$），纯度>99.5%或经国家认证并授予标准物质证书的标准物质。

铬标准储备液：准确称取基准物质重铬酸钾（110℃，烘2h）1.431 5g（精确至0.000 1g），溶于水中，移入500mL容量瓶中，用硝酸溶液（5+95）稀释至刻度，混匀。此溶液每毫升含1.000mg铬；或购置经国家认证并授予标准物质证书的铬标准储备液。

铬标准使用液：将铬标准储备液用硝酸溶液（5+95）逐级稀释至每毫升含100ng铬。

标准系列溶液的配制：分别吸取铬标准使用液（100ng/mL）0、0.500mL、1.00mL、2.00mL、3.00mL、4.00mL于25mL容量瓶中，用硝酸溶液（5+95）稀释至刻度，混匀。各容量瓶中每毫升分别含铬0ng、2.00ng、4.00ng、8.00ng、12.0ng、16.0ng，或采用石墨炉自动进样器自动配制。

5.2.2.4 仪器设备

所用玻璃仪器均需以硝酸溶液（1+4）浸泡24h以上，用水反复冲洗，最后用去离子水冲洗干净。

原子吸收光谱仪：配石墨炉原子化器，附铬空心阴极灯。

微波消解系统：配有消解内罐。

可调式电热炉。

可调式电热板。

压力消解器：配有消解内罐。

马弗炉。

恒温干燥箱。

电子天平：感量为0.1mg和1mg。

5.2.2.5 样品前处理

样品装入洁净的容器内，作为试样。密封，并做好标记。试样应于冰箱冷藏室保存。

（1）微波消解。准确称取试样0.2～0.6g（精确至0.001g）于微波消解罐中，加入5mL硝酸，按照微波消解的操作步骤消解试样（消解条件参见表5-3）。

冷却后取出消解罐，在电热板上于140～160℃赶酸至0.5～1.0mL。消解罐放冷后，将消化液转移至10mL容量瓶中，用少量水洗涤消解罐2～3次，合并洗涤液，用水定容至刻度。同时做试剂空白试验。

表5-3 微波消解参考条件

步骤	功率（1 200W）变化（%）	设定温度（℃）	升温时间（min）	恒温时间（min）
1	0～80	120	5	5
2	0～80	160	5	10
3	0～80	180	5	10

（2）湿法消解。准确称取试样0.5～3.0g（精确至0.001g）于消化管中，加入10mL硝酸、0.5mL高氯酸，在可调式电热炉上消解（参考条件：120℃保持0.5～1h，升温至180℃ 2～4h，升温至200～220℃）。若消化液呈棕褐色，再加硝酸，消解至冒白烟，消化液呈无色透明或略带黄色，取出消化管，冷却后用水定容至10mL。同时做试剂空白试验。

（3）高压消解。准确称取试样0.3～1.0g（精确至0.001g）于消解内罐中，加入5mL硝酸。盖好内盖，旋紧不锈钢外套，放入恒温干燥箱，于140～160℃下保持4～5h。在箱内自然冷却至室温，缓慢旋松外罐，取出消解内罐，放在可调式电热板上于140～160℃赶酸至0.5～1.0mL。冷却后将消化液转移至10mL容量瓶中，用少量水洗涤内罐和内盖2～3次，合并洗涤液于容量瓶中并用水定容至刻度。同时做试剂空白试验。

（4）干法灰化。准确称取试样0.5～3.0g（精确至0.001g）于坩埚中，小火加热，炭化至无烟，转移至马弗炉中，于550℃恒温3～4h。取出冷却，对于灰化不彻底的试样，加数滴硝酸，小火加热，小心蒸干，再转入550℃高温炉中，继续灰化1～2h，至试样呈白灰状，从高温炉取出冷却，用硝酸溶液（1+1）溶解并用水定容至10mL。同时做试剂空白试验。

5.2.2.6 仪器测试条件

根据各自仪器性能调至最佳状态。参考条件见表5-4。

表5-4 石墨炉原子吸收法参考条件

元素	波长(nm)	狭缝(nm)	灯电流(mA)	干燥(℃/s)	灰化(℃/s)	原子化(℃/s)
铬	357.9	0.2	5～7	（85～120）/（40～50）	900/（20～30）	2 700/（4～5）

5.2.2.7 标准曲线的制作

将标准系列溶液工作液按浓度由低到高的顺序分别取10μL（可根据使用仪器选择最佳进样量），注入石墨管，原子化后测其吸光度值，以浓度为横坐标，吸光度值为纵坐标，绘制标准曲线。

5.2.2.8 试样测定

在与测定标准溶液相同的试验条件下，将空白溶液和样品溶液分别取10μL（可根据使用仪器选择最佳进样量），注入石墨管，原子化后测其吸光度值，与标准系列溶液比较定量。对有干扰的试样应注入5μL（可根据使用仪器选择最佳进样量）的磷酸二氢铵溶液（20.0g/L）。

5.2.2.9 分析结果的表述

试样中铬含量的计算见式（5-2）。

$$X=\frac{c\times V}{m\times 1\,000} \tag{5-2}$$

式中：X为试样中铬的含量（mg/kg）；

c为样品溶液铬浓度减去空白溶液的浓度（ng/mL）；

V为消化液总体积（mL）；

m为样品质量或体积（g）；

当分析结果≥1mg/kg时，保留3位有效数字；当分析结果<1mg/kg时，保留2位有效数字。

5.2.2.10 精密度

在重复性条件下获得的两次独立测定结果的绝对差值不得超过算术平均值的20%。

5.2.3 氢化物发生原子荧光光谱法测定生鲜乳中总砷的含量

5.2.3.1 范围

本方法适用于生鲜乳中总砷的测定。方法的检出限为0.010mg/kg，定量限为0.04mg/kg。

5.2.3.2 原理

试样经酸消解后，加入硫脲-抗坏血酸混合溶液使五价砷还原为三价砷，再加入硼氢化钾还原生成砷化氢，由氩气载入石英炉原子化器中分解为原子态砷，在特制砷空心阴极灯的发射光激发下产生原子荧光，其荧光强度在固定条件下与试样溶液中的砷浓度成正比，与标准系列比较定量。

5.2.3.3 试剂和材料

除非另有说明，本方法所用试剂均为优级纯试剂，水为GB/T 6682规定的一级水。

氢氧化钠（NaOH）。

氢氧化钠溶液：100g/L。称取10.0g氢氧化钠溶于100mL水中。

氢氧化钾（KOH）。

氢氧化钾溶液：5g/L。称取5.0g氢氧化钾溶于水中并稀释至1 000mL。

硼氢化钾（KBH_4）：分析纯。

硼氢化钾溶液：20g/L。称取硼氢化钾20.0g于1 000mL 5g/L氢氧化钾溶液中，混匀。

硫脲（$CH_4N_2O_2S$）：分析纯。

抗坏血酸（$C_6H_8O_6$）。

硫脲-抗坏血酸混合溶液：称取10.0g硫脲，加约80mL水，加热溶解，待冷却后加入10.0g抗坏血酸，稀释至100mL，用时现配。

盐酸（HCl）。

硝酸（HNO_3）。

硫酸（H_2SO_4）。

高氯酸（$HClO_4$）。

硝酸镁［$Mg(NO_3)_2 \cdot 6H_2O$］：分析纯。

硝酸镁溶液：150g/L。称取15.0g硝酸镁溶于水中并稀释至100mL。

氧化镁（MgO）：分析纯。

盐酸溶液（1+9）：量取50.0mL盐酸，加水稀释至500mL，混匀。

盐酸溶液（1+1）：量取100.0mL盐酸，加水稀释至200mL，混匀。

硝酸溶液（2+98）：量取20.0mL硝酸，加水稀释至1 000mL，混匀。

砷标准储备液100mg/L（按As计）：准确称取于100℃干燥2h以上的三氧化二砷（As_2O_3）0.013 2g，加100g/L氢氧化钠1mL和少量水溶解，转入100mL容量瓶中，加入适量盐酸调整其酸度近中性，加水稀释至刻度。4℃避光保存，保存期1年；或购买经国家认证并授予标准物质证书的标准溶液物质。

砷标准使用液1.00mg/L（按As计）：准确吸取1.00mL砷标准储备液100mg/L于100mL容量瓶中，用硝酸溶液（2+98）稀释至刻度，现用现配。

5.2.3.4 仪器

所用玻璃器皿及聚四氟乙烯消解内罐均需以硝酸溶液（1+4）浸泡24h，用水反复冲洗，最后用去离子水冲洗干净。

原子荧光光谱仪。

天平：感量为0.1mg和1mg。

控温电热板：50～200℃。

马弗炉。

微波消解仪或其他消解装置。

5.2.3.5 分析步骤

注意：消解中使用高氯酸有爆炸危险，应有足够的冷消化时间，整个消解过程应在通风橱中进行。使用微波消解仪时应严格按说明使用，应严格控制取样量、消解温度和压力。

新鲜采集的生鲜乳置于聚乙烯瓶中，4℃冷藏保存。可根据实验室条件选用以下任何一种方法消解，称量时应保证样品的均匀性。

（1）湿法消解。量取试样5.0～10.0mL置于50～100mL锥形瓶中，同时做两份试剂空白。加20mL硝酸，4mL高氯酸，1.25mL硫酸，放置过夜。翌日置于电热板上加热消解。若消解液处理至1mL左右时仍有未分解物质或色泽变深，取下放冷，补加硝酸5～10mL，再消解至2mL左右，如此反复2～3次，注意避免炭化。继续加热至消解完全后，再持续蒸发至高氯酸的白烟散尽，硫酸的白烟开始冒出。冷却，加水25mL，再蒸发至冒硫酸白烟。冷却，用水将内溶物转入25mL容量瓶或比色管中，加入硫脲+抗坏血酸溶液2mL，补加水至刻度，混匀，放置30min，待测。盖好安全阀，将消解罐放入微波消解系统中，根据仪器型号调至最佳条件。同时做试剂空白试验。

（2）干灰化法。量取4.00mL试样（精确到0.001g）于50～100mL坩埚中，同时做两份试剂空白。加150g/L硝酸镁10mL混匀，低热蒸干，将1g氧化镁覆盖在干渣上，于电炉上炭化至无黑烟，移入550℃马弗炉灰化4h。取出放冷，小心加入盐酸溶液（1+1）10mL以中和氧化镁并溶解灰分，转入至25mL容量瓶或比色管中，向容量瓶或比色管中加入2mL硫脲+抗坏血酸混合溶液，另用硫酸溶液（1+9）分次洗涤坩埚后合并洗涤液至25mL刻度，混匀，静置30min后待测。同时做空白试验。

5.2.3.6 仪器参考条件

光电倍增管负高压：260V。

砷空心阴极灯电流：50～80mA。
载气：氩气。
载气流速：500mL/min。
屏蔽气流速：800mL/min。
测量方式：荧光强度。
读数方式：峰面积。

5.2.3.7 标准曲线的制作及测定

取25mL容量瓶或比色管6支，依次准确加入1.00μg/mL砷标准使用液0.00，0.10mL、0.25mL、0.50mL、1.50mL、3.00mL（分别相当于砷浓度0.0、4.0ng/mL、10.0ng/mL、20.0ng/mL、60.0ng/mL、120.0ng/mL），各加硫酸溶液（1+9）12.5mL，硫脲+抗坏血酸溶液2mL，补加水至刻度，混匀后放置30min后测定。

仪器预热稳定后，将试剂空白、标准系列溶液依次引入仪器进行原子荧光强度的测定。以原子荧光强度为纵坐标，砷浓度为横坐标绘制标准曲线，得到回归方程。

相同条件下，将样品溶液分别引入仪器进行测定。根据回归方程计算出样品中砷元素的浓度。

5.2.3.8 结果计算

样品中砷含量以质量分数ω计，数值以“mg/kg”表示，按式（5-3）计算。

$$\omega=\frac{(\rho-\rho_0)\times V\times D\times 1\ 000}{m\times 1\ 000\times 1\ 000} \tag{5-3}$$

式中：ρ为试样溶液中砷质量浓度（μg/L）；
ρ_0为空白试验溶液中砷质量浓度（μg/L）；
V为试样分解液的定容体积（mL）；
D为稀释倍数；
m为试样质量（g）。

计算结果保留2位有效数字。

5.2.3.9 精密度

在重复性条件下获得的两次独立测试结果的绝对差值不得超过算术平均值的20%。

5.2.4 电感耦合等离子体质谱法（ICP-MS）测定生鲜乳中铬、砷、镉、铅和汞的含量

5.2.4.1 范围

适用于生鲜乳中铬、砷、镉、铅和汞的测定，以2mL定容至50mL计算检出限依次为0.02mg/L、0.000 5mg/L、0.000 5mg/L、0.000 3mg/L、0.005mg/L；定量限依次为0.05mg/L、0.002mg/L、0.002mg/L、0.001mg/L、0.02mg/L。

5.2.4.2 原理

试样经消解后，由电感耦合等离子体质谱仪测定，以元素特定质量数（质荷比，*m/z*）定性，采用外标法，以待测元素质谱信号与内标元素质谱信号的强度比与待测元素的浓度成正比进行定量分析。

5.2.4.3 试剂和标准品

除非另有说明，本方法所用试剂均为优级纯，水为GB/T 6682规定的一级水。

硝酸（HNO_3）：优级纯或更高纯度。

硝酸溶液（5+95）：量取50.0mL硝酸，加水稀释至1 000mL，混匀。

氩气（Ar）或液氩：氩气（≥99.995%）。

氦气（He）：氦气（≥99.995%）。

金元素（Au）溶液：1 000mg/L。

汞标准稳定剂：取2mL金元素溶液，用硝酸溶液（5+95）稀释至1 000mL，用于汞标准溶液的配制（汞标准稳定剂亦可采用2g/L半胱氨酸盐酸盐+硝酸（5+95）混合溶液，或其他等效稳定剂）。

元素储备液（1 000mg/L或100mg/L）：采用经国家认证并授予标准物质证书的单元素或多元素标准储备液。

内标元素储备液（1 000mg/L）：钪、锗、铟、铑、铼、铋等采用经国家认证并授予标准物质证书的单元素或多元素内标标准储备液。

5.2.4.4 仪器和设备

电感耦合等离子体质谱仪（ICP-MS）。

天平：感量为0.1mg和1mg。

微波消解仪：配有聚四氟乙烯消解内罐。

压力消解罐：配有聚四氟乙烯消解内罐。

恒温干燥箱。

控温电热板。

超声水浴箱。

样品粉碎设备：匀浆机、高速粉碎机。

5.2.4.5 分析步骤

样品称量前混匀，可根据试样中待测元素的含量水平和检测水平要求选择相应的消解方法及消解容器。

（1）微波消解法。准确移取液体试样1.00～3.00mL于微波消解内罐中，含乙醇或二氧化碳的样品先在电热板上低温加热除去乙醇或二氧化碳，加入5.00～10.00mL硝酸，加盖放置1h或过夜，旋紧罐盖，按照微波消解仪标准操作步骤进行消解（消解参考条件见表5-5）。冷却后取出，缓慢打开罐盖排气，用少量水冲洗内盖，将消解罐放在控温电热板上或超声水浴箱中，于100℃加热30min或超声脱气2～5min，用水定容至25mL或50mL，混匀备用。同时做空白试验。

表5-5 样品消解仪参考条件

消解方式	步骤	控制温度（℃）	升温时间（min）	恒温时间（min）
微波消解	1	120	5	5
	2	150	5	10
	3	190	5	20
压力罐消解	1	80	—	120
	2	120	—	120
	3	160～170	—	240

（2）压力罐消解法。准确移取液体试样1.00～5.00mL于消解内罐中，含乙醇或二氧化碳的样品先在电热板上低温加热除去乙醇或二氧化碳，加入5.00mL硝酸，放置1h或过夜，旋紧不锈钢外套，放入恒温干燥箱消解（消解参考条件见表5-4），于150～170℃消解4h，冷却后，缓慢旋松不锈钢外套，将消解内罐取出，在控温电热板上或超声水浴箱中，于100℃加热30min或超声脱气2～5min，用水定容至25mL或50mL，混匀备用。同时做空白试验。

5.2.4.6 仪器参考条件

仪器操作条件：仪器操作条件见表5-6，元素分析模式见表5-7。

注：对没有合适消除干扰模式的仪器，需采用干扰校正方程对测定结果进行校正，铅、镉、砷元素干扰校正方程见表5-8。

测定参考条件：在调谐仪器达到测定要求后，编辑测定方法，根据待测元素的性质选择相应的内标元素，待测元素和内标元素的*m*/*z*见表5-9。

表5-6 电感耦合等离子体质谱仪操作参考条件

参数名称	参数	参数名称	参数
射频功率	1 500W	雾化器	高盐/同心雾化器
等离子体气流量	15L/min	采样锥/截取锥	镍/铂锥
载气流量	0.80L/min	采样深度	8 ~ 10mm
辅助器流量	0.40L/min	采集模式	跳峰
氦气流量	4 ~ 5L/min	检测方式	自动
雾化室温度	2℃	每峰测定点数	1 ~ 3
样品提升速率	0.3r/s	重复次数	2 ~ 3

表5-7 电感耦合等离子体质谱仪元素分析模式

元素	分析模式
铬	碰撞反应池
砷	碰撞反应池
镉	碰撞反应池
汞	普通/碰撞反应池
铅	普通/碰撞反应池

表5-8 元素干扰校正方程

同位素	推荐的校正方程
75As	$[^{75}As] = [75] - 3.127\,8 \times [77] + 1.017\,7 \times [78]$
114Cd	$[^{114}Cd] = [114] - 1.628\,5 \times [108] - 0.014\,9 \times [118]$
208Pb	$[^{208}Pb] = [206] + [207] + [208]$

注：1. [X] 为质量数X处的质谱信号强度——离子每秒计数值（CPS）。

2. 对于同量异位素干扰能够通过仪器的碰撞/反应模式得以消除的情况下，除铅元素外，可不采用干扰校正方程。

3. 低含量铬元素的测定需采用碰撞/反应模式。

表5-9 待测元素推荐选择的同位素和内标元素

元素	*m/z*	内标
铬	52/53	45Sc/72Ge
砷	75	72Ge/103Rh/115In
镉	111	103Rh/115In
汞	200/202	185Re/209Bi
铅	206/207/208	185Re/209Bi

5.2.4.7 标准曲线的制作

混合标准工作液：吸取适量单元素标准储备液或多元素混合标准储备液，用硝酸溶液（5+95）逐级稀释配成混合标准工作液系列，各元素质量浓度见表5-10。

注：依据样品消解溶液中元素质量浓度水平，适当调整标准系列中各元素质量浓度范围。

汞标准工作液：取适量汞储备液，用汞标准稳定剂逐级稀释配成标准工作液系列，浓度范围见表5-10。

内标使用液：取适量内标单元素储备液或内标多元素标准储备液，用硝酸溶液（5+95）配制合适浓度的内标使用液，内标使用液浓度为40μg/L。

注：内标溶液既可在配制混合标准工作液和样品消化液中手动定量加入，亦可由仪器在线加入。

将混合标准溶液注入电感耦合等离子体质谱仪中，测定待测元素和内标元素的信号响应值，以待测元素的浓度为横坐标，待测元素与所选内标元素响应信号值的比值为纵坐标，绘制标准曲线。

表5-10 ICP-MS方法中元素的标准溶液系列质量浓度

元素	标准系列质量浓度（μg/L）					
	系列1	系列2	系列3	系列4	系列5	系列6
铬	0	1.00	5.00	10.0	30.0	50.0
砷	0	1.00	5.00	10.0	30.0	50.0
镉	0	1.00	5.00	10.0	30.0	50.0
汞	0	0.100	0.500	1.00	1.50	2.00
铅	0	1.00	5.00	10.0	30.0	50.0

5.2.4.8　试样溶液的测定

将空白溶液和试样溶液分别注入电感耦合等离子体质谱仪中，测定待测元素和内标元素的信号响应值，根据标准曲线得到消解液中待测元素的浓度。

5.2.4.9　分析结果的表述

（1）低含量待测元素的计算。试样中低含量待测元素的含量按式（5-4）计算。

$$X=\frac{(c-c_0)\times V\times f}{m\times 1\,000} \tag{5-4}$$

式中：X为试样中待测元素的含量（mg/kg或mg/L）；

c为试样溶液中被测元素质量浓度（μg/L）；

c_0为试样空白液中被测元素质量浓度（mg/L）；

V为试样消化液总体积（mL）；

f为试样的稀释倍数；

m为试样称取质量或移取体积（g或mL）；

1 000为换算系数。

（2）高含量待测元素的计算。试样中高含量待测元素的含量按式（5-5）计算。

$$X=\frac{(c-c_0)\times V\times f}{m} \tag{5-5}$$

式中：X为试样中待测元素的含量（mg/kg或mg/L）；

c为试样溶液中被测元素质量浓度（mg/L）；

c_0为试样空白液中被测元素质量浓度（mg/L）；

V为试样消化液总体积（mL）；

f为试样的稀释倍数；

m为试样称取质量或移取体积（g或mL）；

计算结果保留3位有效数字。

5.2.4.10　精密度

样品中各元素含量>1mg/kg时，在重复性条件下获得的两次独立测定结果绝对差值不得超过算术平均值的10%；0.1mg/kg<样品中各元素含量≤1mg/kg时，在重复性条件下获得的两次独立测定结果的绝对差值不得超过算术平均值的15%；样品中各元素含量≤0.1mg/kg时，在重复性条件下获得的两次独立测定结果的绝对差值不得超过算术平均值的20%。

6 污染物及其代谢物污染

6.1 概述

生鲜乳富含全价营养物质，给微生物的繁殖生长提供了十分有利的条件，可以说是一个理想的微生物培养基。因此，生鲜乳极易发生微生物污染，在生鲜乳中检测到的已知微生物种类达400多种，主要包括细菌、乳酸菌、酵母菌、霉菌等，这些有害微生物不仅影响乳制品的质量安全，还会严重损害消费者的身体健康，更严重的如李斯特菌、沙门菌、弯曲杆菌、金黄色葡萄球菌会使人感染疾病甚至致命。微生物污染不仅损害奶牛的健康，影响牛奶的品质，作为乳制品生产环节中的源头，生鲜乳的质量安全对整个下游产业链具有直接影响。本部分主要在生鲜乳中微生物来源及其检测技术方面进行介绍。

6.1.1 生鲜乳中微生物的来源

6.1.1.1 乳房内的污染

乳房中微生物多少取决于乳房的清洁程度，许多细菌通过乳头管栖生于乳池下部，这些细菌从乳头端部侵入乳房，由于细菌本身的繁殖和乳房的物理蠕动而进入乳房内部。因此，第一股乳流中微生物的数量最多。正常情况下，随着榨乳的进行乳中细菌含量逐渐减少。所以在榨乳时最初榨出的乳应单独存放，另行处理。正常存在于乳房中的微生物，主要是一些无害的球菌。当乳汁刚从健康畜体内榨出时，其所含的细菌数并不多，每毫升在几个到几千个，细菌的种类也不复杂。只有在管理不良，污染严重或当乳房呈现病理状态时，乳中的细菌含量及种类才会大大增加，甚至有病原菌存在。当乳畜患有结核病、布鲁氏杆菌病、炭疽、口蹄疫、李氏杆菌病、伪结核、胎儿弯曲杆菌病等传染病时，其乳常成为人类疾病的传染来源。来自乳腺炎、副伤寒患畜的乳，可能引起人的食物中毒，因此，对乳畜的健康状况必须严格监督，定期检查。

6.1.1.2 牛体的污染

榨奶时鲜乳受乳房周围和牛体其他部分污染的机会很多。因为牛舍空气、垫草、尘土以及本身排泄物中的细菌大量附着在乳房的周围，当榨乳时侵入牛乳中。这些污染菌中，多数属于带芽孢的杆菌和大肠杆菌等。所以在榨乳时，应对乳房和腹部进行严格清洗和消毒，并用清洁的毛巾擦干。

6.1.1.3 榨乳用具和乳桶等的污染

榨乳时所用的桶、榨乳设备、过滤布、洗乳房用布等，如果不事先进行清洗杀菌，则通过这些用具也使鲜乳受到污染。乳桶的清洗杀菌，对防止微生物的污染有重要意义。有时乳桶虽经清洗杀菌，但细菌数仍旧很高，这主要是由于乳桶内部凹凸不平，以致生锈和存在乳垢等所致。各种榨乳用具和容器中所存在的细菌，多数为耐热的球菌属，其次为八叠球菌和杆菌。所以这类用具和容器如果不严格清洗杀菌，则鲜乳污染后，即使用高温瞬间杀菌也不能消灭这些耐热性的细菌，结果使鲜乳变质甚至腐败。

6.1.1.4 空气的污染

畜舍内飘浮的灰尘中常常含有许多微生物。通常每升空气中含有50～100个细菌，有尘土者可达1 000个以上。其中多数为芽孢杆菌及球菌，此外也含有大量的霉菌孢子。空气中的尘埃落入乳中即可造成污染。因此，必须保持牛舍清洁卫生，打扫牛舍宜在榨乳后进行，榨乳前1h不宜清扫。

6.1.1.5 水源的污染

用于清洗牛乳房、榨乳用具和乳槽所用的水是乳中细菌的一个来源，井、泉、河水可能受到粪便中细菌的污染，也可能受土壤中细菌的污染，主要是一定数量的嗜冷菌。因此，这些水必须经过清洁处理或消毒后方可使用。

6.1.1.6 蝇、蚊等昆虫的污染

蝇、蚊有时会成为最大的污染源，特别是夏、秋季节，由于苍蝇常在垃圾或粪便上停留，所以每个苍蝇体表可存在几百万甚至几亿个细菌。其中包括各种致病菌，当其落入乳中时就可把细菌带入乳中造成污染。

6.1.1.7 饲料的污染

乳被饲料中的细菌污染，主要是在榨乳前分发干草时，附着在干草上的细菌（主要是芽孢杆菌，如酪酸芽孢杆菌、枯草杆菌等），随同灰尘、草屑等飞散在厩舍的空气中，既污染了牛体，又污染了所有用具；或榨乳时直接落入乳桶，造成乳的污染。此外，往厩舍内搬入褥草时，特别是灰尘多的碎褥草，舍内空气可被大量的细菌所污染，因此成为乳被细菌污染的来源。混有粪便的褥草，往往污

染乳牛的皮肤和被毛，从而造成对乳的污染。

6.1.2 生鲜乳中主要微生物的检测技术简介

生鲜乳中污染的微生物主要包括细菌、霉菌和酵母等多种类群，但其中最常见的主要是细菌。生鲜乳中常见的病原微生物有单核增生李斯特菌（*Listeria monocytogenes*）、大肠杆菌（*Escherichia coli*）、金黄色葡萄球菌（*Staphylococcus aureus*）、弯曲杆菌属（*Campylobacter*）、沙门菌属（*Salmonella*）、芽孢杆菌属（*Bacillus*）、假单胞菌属（*Pseudomonas*）等。目前现有的生鲜乳中微生物的检测技术包括传统的检测技术和现代检测手段。传统的溯源技术时间周期长，检测结果的敏感性和准确性也不够高，但仍作为最原始的技术进行应用。近几年来，乳及乳制品中病原微生物现代检测技术不断发展，主要有光谱技术、质谱技术和分子生物学技术等。

6.2 检测技术应用

6.2.1 生鲜乳中菌落总数的测定

6.2.1.1 设备和材料

除微生物实验室常规灭菌及培养设备外，其他设备和材料如下。

恒温培养箱：（36±1）℃、（30±1）℃。

冰箱：2~5℃。

恒温水浴箱：（46±1）℃。

天平：感量为0.1g。

均质器。

振荡器。

无菌吸管：1mL（具0.01mL刻度）、10mL（具0.1mL刻度）或微量移液器及吸头。

6.2.1.2 培养基和试剂

（1）平板计数琼脂培养基。

（2）磷酸盐缓冲液。

（3）无菌生理盐水。

6.2.1.3 操作步骤

（1）样品的稀释。

①以无菌吸管吸取25mL样品置盛有225mL磷酸盐缓冲液或生理盐水的无菌锥形瓶中（瓶内预置适当数量的无菌玻璃珠），充分混匀，制成1：10的样品匀液。

②用1mL无菌吸管或微量移液器吸取1：10样品匀液1mL，沿管壁缓慢注于盛有9mL稀释液的无菌试管中（注意吸管或吸头尖端不要触及稀释液面），振摇试管或换用1支无菌吸管反复吹打使其混合均匀，制成1：100的样品匀液。

③按②操作，制备10倍系列稀释样品匀液。每递增稀释一次，换用1次1mL无菌吸管或吸头。

④根据对样品污染状况的估计，选择2～3个适宜稀释度的样品匀液（液体样品可包括原液），在进行10倍递增稀释时，吸取1mL样品匀液于无菌平皿内，每个稀释度做两个平皿。同时，分别吸取1mL空白稀释液加入两个无菌平皿内作空白对照。

⑤及时将15～20mL冷却至46℃的平板计数琼脂培养基倾注平皿，并转动平皿使其混合均匀。

（2）培养。

①待琼脂凝固后，将平板翻转，（36±1）℃培养（48±2）h。

②如果样品中可能含有在琼脂培养基表面弥漫生长的菌落时，可在凝固后的琼脂表面覆盖一薄层琼脂培养基，凝固后翻转平板，按①条件进行培养。

（3）菌落计数。

①可用肉眼观察，必要时用放大镜或菌落计数器，记录稀释倍数和相应的菌落数量。菌落计数以菌落形成单位（CFU）表示。

②选取菌落数在30～300CFU、无蔓延菌落生长的平板计数菌落总数。低于30CFU的平板记录具体菌落数，大于300CFU的可记录为多不可计。每个稀释度的菌落数应采用两个平板的平均数。

③其中一个平板有较大片状菌落生长时，则不宜采用，而应以无片状菌落生长的平板作为该稀释度的菌落数；若片状菌落不到平板的一半，而其余一半中菌落分布又很均匀，即可计算半个平板后乘以2，代表一个平板菌落数。

④当平板上出现菌落间无明显界线的链状生长时，则将每条单链作为一个菌落计数。

（4）菌落总数的计算方法。

①若只有一个稀释度平板上的菌落数在适宜计数范围内，计算两个平板菌落数的平均值，再将平均值乘以相应稀释倍数，作为每克（毫升）样品中菌落总数结果。

②若有两个连续稀释度的平板菌落数在适宜计数范围内时，按式（6-1）计算。

$$N = \frac{\sum C}{(n_1 + 0.1n_2)d} \quad (6-1)$$

式中：N为样品中菌落数；

C为平板（含适宜范围菌落数的平板）菌落数之和；

n_1为第一稀释度（低稀释倍数）平板个数；

n_2为第二稀释度（高稀释倍数）平板个数；

d为稀释因子（第一稀释度）。

（5）若所有稀释度的平板上菌落数均大于300CFU，则对稀释度最高的平板进行计数，其他平板可记录为多不可计，结果按平均菌落数乘以最高稀释倍数计算。

（6）若所有稀释度的平板菌落数均小于30CFU，则应按稀释度最低的平均菌落数乘以稀释倍数计算。

（7）若所有稀释度平板均无菌落生长，则以小于1乘以最低稀释倍数计算。

（8）若所有稀释度的平板菌落数均不在30～300CFU，其中一部分小于30CFU或大于300CFU时，则以最接近30CFU或300CFU的平均菌落数乘以稀释倍数计算。

6.2.2 生鲜乳中金黄色葡萄球菌的平板计数法

6.2.2.1 设备和材料

除微生物实验室常规灭菌及培养设备外，其他设备和材料如下。

恒温培养箱：（36±1）℃。

冰箱：2～5℃。

恒温水浴箱：36～56℃。

天平：感量0.1g。

均质器。

振荡器。

无菌吸管：1mL（具0.01mL刻度）、10mL（具0.1mL刻度）或微量移液器及吸头。

6.2.2.2 培养基和试剂

血琼脂平板。

Baird-Parker琼脂平板。

脑心浸出液肉汤（BHI）。

兔血浆。

稀释液：磷酸盐缓冲液。

营养琼脂小斜面。

革兰氏染色液。

无菌生理盐水。

6.2.2.3 操作步骤

（1）样品的稀释。

①以无菌吸管吸取25mL样品置于盛有225mL磷酸盐缓冲液或生理盐水的无菌锥形瓶中（瓶内预置适当数量的无菌玻璃珠），充分混匀，制成1：10的样品匀液。

②用1mL无菌吸管或微量移液器吸取1：10样品匀液1mL，沿管壁缓慢注于盛有9mL磷酸盐缓冲液或生理盐水的无菌试管中（注意吸管或吸头尖端不要触及稀释液面），振摇试管或换用1支1mL无菌吸管反复吹打使其混合均匀，制成1：100的样品匀液。

③按②操作程序，制备10倍系列稀释样品匀液。每递增稀释一次，换用1次1mL无菌吸管或吸头。

（2）样品的接种。根据对样品污染状况的估计，选择2～3个适宜稀释度的样品匀液（液体样品可包括原液），在进行10倍递增稀释的同时，每个稀释度分别吸取1mL样品匀液以0.3mL、0.3mL、0.4mL接种量分别加入三块Baird-Parker平板，然后用无菌涂布棒涂布整个平板，注意不要触及平板边缘。使用前，如Baird-Parker平板表面有水珠，可放在25～50℃的培养箱里干燥，直到平板表面的水珠消失。

（3）培养。在通常情况下，涂布后，将平板静置10min，如样液不易吸收，可将平板放在培养箱（36±1）℃培养1h；等样品匀液吸收后翻转平板，倒置后于（36±1）℃培养24～48h。

（4）典型菌落计数和确认。

①金黄色葡萄球菌在Baird-Parker平板上呈圆形，表面光滑、凸起、湿润、菌落直径为2～3mm，颜色呈灰黑色至黑色，有光泽，常有浅色（非白色）的边缘，周围绕以不透明圈（沉淀），其外常有一清晰带。当用接种针触及菌落时具有黄油样黏稠感。有时可见到不分解脂肪的菌株，除没有不透明圈和清晰带外，其他外观基本相同。从长期储存的冷冻或脱水食品中分离的菌落，其黑色常较典型菌落浅些，且外观可能较粗糙，质地较干燥。

②选择有典型的金黄色葡萄球菌菌落的平板，且同一稀释度3个平板所有菌落数合计在20～200CFU的平板，计数典型菌落。

③从典型菌落中至少选5个可疑菌落（小于5个全选）进行鉴定试验。分别做染色镜检、血浆凝固酶试验；同时划线接种到血平板（36±1）℃培养18～24h后观察菌落形态，金黄色葡萄球菌菌落较大，圆形、光滑凸起、湿润、金黄色（有时为白色），菌落周围可见完全透明溶血圈。

6.2.2.4 结果计算

（1）若只有一个稀释度平板的典型菌落数在20～200CFU，计数该稀释度平板上的典型菌落，按式（6-2）计算。

（2）若最低稀释度平板的典型菌落数小于20CFU，计数该稀释度平板上的典型菌落，按式（6-2）计算。

（3）若某一稀释度平板的典型菌落数大于200CFU，但下一稀释度平板上没有典型菌落，计数该稀释度平板上的典型菌落，按式（6-2）计算。

（4）若某一稀释度平板的典型菌落数大于200CFU，而下一稀释度平板上虽有典型菌落但不在20～200CFU范围内，应计数该稀释度平板上的典型菌落，按式（6-2）计算。

（5）若2个连续稀释度的平板典型菌落数均在20～200CFU，按式（6-3）计算。

$$T=\frac{AB}{Cd} \tag{6-2}$$

式中：T为样品中金黄色葡萄球菌菌落数；

A为某一稀释度典型菌落的总数；

B为某一稀释度鉴定为阳性的菌落数；

C为某一稀释度用于鉴定试验的菌落数；

d为稀释因子。

$$T=\frac{A_1B_1/C_1+A_2B_2/C_2}{1.1d} \tag{6-3}$$

式中：T为样品中金黄色葡萄球菌菌落数；

A_1为第一稀释度（低稀释倍数）典型菌落的总数；

B_1为第一稀释度（低稀释倍数）鉴定为阳性的菌落数；

C_1为第一稀释度（低稀释倍数）用于鉴定试验的菌落数；

A_2为第二稀释度（高稀释倍数）典型菌落的总数；

B_2为第二稀释度（高稀释倍数）鉴定为阳性的菌落数；

C_2为第二稀释度（高稀释倍数）用于鉴定试验的菌落数；

1.1为计算系数；

d为稀释因子（第一稀释度）。

6.2.3 生乳中单核细胞增生李斯特菌定性检验

6.2.3.1 设备和材料

除微生物实验室常规灭菌及培养设备外，其他设备和材料如下。

恒温培养箱：（30 ± 1）℃、（36 ± 1）℃。

显微镜：（10 ~ 100）×。

电子天平：感量0.1g。

冰箱：2 ~ 5℃。

无菌吸管：1mL（具0.01mL刻度）、10mL（具0.1mL刻度）或微量移液器及吸头。

6.2.3.2 培养基和试剂

（1）李氏增菌肉汤LB（LB_1、LB_2）。

（2）李斯特菌显色培养基。

（3）PALCAM琼脂。

（4）SIM动力培养基。

（5）含0.6%酵母浸膏的胰酪胨大豆琼脂（TSA-YE）。

（6）糖发酵管。

（7）5% ~ 8%羊血琼脂。

（8）过氧化氢试剂。

（9）革兰氏染液。

（10）生化鉴定试剂盒或全自动微生物鉴定系统。

6.2.3.3 操作步骤

（1）增菌。以无菌操作取样品25mL加入含有225mL LB_1增菌液的均质袋中，在拍击式均质器上连续均质1 ~ 2min；或放入盛有225mL LB_1增菌液的均质杯中，以8 000 ~ 10 000r/min均质1 ~ 2min。于（30 ± 1）℃培养（24 ± 2）h，移取0.1mL，转种于10mL LB_2增菌液内，于（30 ± 1）℃培养（24 ± 2）h。

（2）分离。取LB_2二次增菌液划线接种于李斯特菌显色平板和PALCAM琼脂平板于（36 ± 1）℃培养24 ~ 48h，观察各个平板上生长的菌落。典型菌落在

PALCAM琼脂平板上为小的圆形灰绿色菌落，周围有棕黑色水解圈，有些菌落有黑色凹陷；在李斯特菌显色平板上的菌落特征，参照产品说明进行判定。

（3）初筛。自选择性琼脂平板上分别挑取3～5个典型或可疑菌落，分别接种木糖、鼠李糖发酵管，于（36±1）℃培养（24±2）h，同时在TSA-YE平板上划线，于（36±1）℃培养18～24h，然后选择木糖阴性、鼠李糖阳性的纯培养物继续进行鉴定。

（4）鉴定。

①染色镜检：李斯特菌为革兰氏阳性短杆菌，大小为（0.4～0.5）μm×（0.5～2.0）μm；用生理盐水制成菌悬液，在油镜或相差显微镜下观察，该菌出现轻微旋转或翻滚样的运动。

②动力试验：挑取纯培养的单个可疑菌落穿刺半固体或SIM动力培养基，于25～30℃培养48h，李斯特菌有动力，在半固体或SIM培养基上方呈伞状生长，如伞状生长不明显，可继续培养5d，再观察结果。

③生化鉴定：挑取纯培养的单个可疑菌落，进行过氧化氢酶试验，过氧化氢酶阳性反应的菌落继续进行糖发酵试验和MR-VP试验。单核细胞增生李斯特菌的主要生化特征见表6-1。

表6-1　单核细胞增生李斯特菌生化特征与其他李斯特菌的区别

菌种	溶血反应	葡萄糖	麦芽糖	MR-VP	甘露醇	鼠李糖	木糖	七叶苷
单核细胞增生李斯特菌（*L.monocytogenes*）	+	+	+	+/+	−	+	−	+
格氏李斯特菌（*L.grayi*）	−	+	+	+/+	+	−	−	+
斯氏李斯特菌（*L.seeligeri*）	+	+	+	+/+	−	−	+	+
威氏李斯特菌（*L.welshimeri*）	−	+	+	+/+	−	V	+	+
伊氏李斯特菌（*L.ivanovii*）	+	+	+	+/+	−	−	+	+
英诺克李斯特菌（*L.innocua*）	−	+	+	+/+	−	V	−	+

注：+阳性；−阴性；V反应不定。

④溶血试验：将新鲜的羊血琼脂平板底面划分为20～25个小格，挑取纯培养的单个可疑菌落刺种到血平板上，每格刺种一个菌落，并刺种阳性对照菌（单增李斯特菌、伊氏李斯特菌和斯氏李斯特菌）和阴性对照菌（英诺克李斯特菌），

穿刺时尽量接近底部，但不要触到底面，同时避免琼脂破裂，（36±1）℃培养24~48h，于明亮处观察，单增李斯特菌呈现狭窄、清晰、明亮的溶血圈，斯氏李斯特菌在刺种点周围产生弱的透明溶血圈，英诺克李斯特菌无溶血圈，伊氏李斯特菌产生宽的、轮廓清晰的β-溶血区域，若结果不明显，可置4℃冰箱24~48h再观察。

⑤协同溶血试验cAMP：在羊血琼脂平板上平行划线接种金黄色葡萄球菌和马红球菌，挑取纯培养的单个可疑菌落垂直划线接种于平行线之间，垂直线两端不要触及平行线，距离1~2mm，同时接种单核细胞增生李斯特菌、英诺克李斯特菌、伊氏李斯特菌和斯氏李斯特菌，于（36±1）℃培养24~48h。单核细胞增生李斯特菌在靠近金黄色葡萄球菌处出现约2mm的β-溶血增强区域，斯氏李斯特菌也出现微弱的溶血增强区域，伊氏李斯特菌在靠近马红球菌处出现5~10mm的“箭头状”β-溶血增强区域，英诺克李斯特菌不产生溶血现象。若结果不明显，可置4℃冰箱24~48h再观察。

6.2.4 生乳中沙门菌的检测

6.2.4.1 设备和材料

除微生物实验室常规灭菌及培养设备外，其他设备和材料如下。

恒温培养箱：（36±1）℃、（42±1）℃。

冰箱：2~5℃。

天平：感量0.1g。

均质器。

振荡器。

6.2.4.2 培养基和试剂

（1）缓冲蛋白胨水（BPW）。

（2）四硫黄酸钠煌绿（TTB）增菌液。

（3）亚硒酸盐胱氨酸（SC）增菌液。

（4）亚硫酸铋（BS）琼脂。

（5）HE琼脂。

（6）木糖赖氨酸脱氧胆盐（XLD）琼脂。

（7）沙门菌属显色培养基。

（8）三糖铁（TSI）琼脂。

（9）蛋白胨水、靛基质试剂。

（10）尿素琼脂（pH值7.2）。

（11）氰化钾（KCN）培养基。

（12）赖氨酸脱羧酶试验培养基。

（13）糖发酵管。

（14）邻硝基酚β-D半乳糖苷（ONPG）培养基。

（15）半固体琼脂。

6.2.4.3 操作步骤

（1）预增菌。无菌操作称取25mL样品，置于盛有225mL BPW的无菌均质杯或合适容器内，以8 000～10 000r/min均质1～2min，或置于盛有225mL BPW的无菌均质袋中，用拍击式均质器拍打1～2min。无菌操作将样品转至500mL锥形瓶或其他合适容器内，如使用均质袋，可直接进行培养，于（36±1）℃培养8～18h。

（2）增菌。轻轻摇动培养过的样品混合物，移取1mL，转种于10mL TTB内，于（42±1）℃培养18～24h。同时，另取1mL，转种于10mL SC内，于（36±1）℃培养18～24h。

（3）分离。分别用直径3mm的接种环取增菌液1环，划线接种于一个BS琼脂平板和一个XLD琼脂平板（或HE琼脂平板或沙门菌属显色培养基平板），于（36±1）℃分别培养40～48h（BS琼脂平板）或18～24h（XLD琼脂平板、HE琼脂平板、沙门菌属显色培养基平板），观察各个平板上生长的菌落，各个平板上的菌落特征见表6-2。

表6-2 沙门菌属在不同选择性琼脂平板上的菌落特征

选择性琼脂平板	沙门菌
BS琼脂	菌落为黑色有金属光泽、棕褐色或灰色，菌落周围培养基可呈黑色或棕色；有些菌株形成灰绿色的菌落，周围培养基不变
HE琼脂	蓝绿色或蓝色，多数菌落中心黑色或几乎全黑色；有些菌株为黄色，中心黑色或几乎全黑色
XLD琼脂	菌落呈粉红色，带或不带黑色中心，有些菌株可呈现大的带光泽的黑色中心，或呈现全部黑色的菌落；有些菌株为黄色菌落，带或不带黑色中心
沙门菌属显色培养基	按照显色培养基的说明进行判定

（4）生化试验。

①自选择性琼脂平板上分别挑取2个以上典型或可疑菌落，接种三糖铁琼脂，先在斜面划线，再于底层穿刺；接种针不要灭菌，直接接种赖氨酸脱羧酶试

验培养基和营养琼脂平板，于（36±1）℃培养18～24h，必要时可延长至48h。在三糖铁琼脂和赖氨酸脱羧酶试验培养基内，沙门菌属的反应结果见表6-3。

表6-3 沙门菌属在三糖铁琼脂和赖氨酸脱羧酶试验培养基内的反应结果

三糖铁琼脂				赖氨酸脱羧酶试验培养基	初步判断
斜面	底层	产气	硫化氢		
K	A	+（-）	+（-）	+	可疑沙门菌属
K	A	+（-）	+（-）	-	可疑沙门菌属
A	A	+（-）	+（-）	+	可疑沙门菌属
A	A	+/-	+/-	-	非沙门菌
K	K	+/-	+/-	+/-	非沙门菌

注：K.产碱；A.产酸；+表示阳性；-表示阴性；+（-）表示多数阳性，少数阴性；+/-表示阳性或阴性。

②接种三糖铁琼脂和赖氨酸脱羧酶试验培养基的同时，可直接接种蛋白胨水（供做靛基质试验）、尿素琼脂（pH值7.2）、氰化钾（KCN）培养基，也可在初步判断结果后从营养琼脂平板上挑取可疑菌落接种。于（36±1）℃培养18～24h，必要时可延长至48h，按表6-4判定结果。将已挑菌落的平板储存于2～5℃或室温至少保留24h，以备必要时复查。

表6-4 沙门菌属生化反应初步鉴别

反应序号	硫化氢（H_2S）	靛基质	pH值7.2尿素	氰化（KCN）	赖氨酸脱羧酶
A1	+	-	-	-	+
A2	+	+	-	-	+
A3	-	-	-	-	+/-

注：+表示阳性；-表示阴性；+/-表示阳性或阴性。

③反应序号A1：典型反应判定为沙门菌属。如尿素、KCN和赖氨酸脱羧酶3项中有1项异常，按表6-5可判定为沙门菌。如有2项异常为非沙门菌。

表6-5 沙门菌属生化反应初步鉴别

pH值7.2尿素	氰化钾（KCN）	赖氨酸脱羧酶	判定结果
-	-	-	甲型副伤寒沙门菌（要求血清学鉴定结果）
-	+	+	沙门菌Ⅳ或Ⅴ（要求符合本群生化特性）
+	-	+	沙门菌个别变体（要求血清学鉴定结果）

④反应序号A2：补做甘露醇和山梨醇试验，沙门菌靛基质阳性变体两项试验结果均为阳性，但需要结合血清学鉴定结果进行判定。

⑤反应序号A3：补做ONPG。ONPG阴性为沙门菌，同时赖氨酸脱羧酶阳性，甲型副伤寒沙门菌为赖氨酸脱羧酶阴性。

⑥必要时按表6-6进行沙门菌生化群的鉴别。

表6-6　沙门菌属各生化群的鉴别

项目	Ⅰ	Ⅱ	Ⅲ	Ⅳ	v	Ⅵ
卫矛醇	+	+	-	-	+	-
山梨醇	+	+	+	+	+	-
水杨苷	-	-	-	+	-	-
ONPG	-	-	+	-	+	-
丙二酸盐	-	+	+	-	-	-
KCN	-	-	-	+	+	-

注：+表示阳性；-表示阴性。

⑦如选择生化鉴定试剂盒或全自动微生物生化鉴定系统，可根据①的初步判断结果，从营养琼脂平板上挑取可疑菌落，用生理盐水制备成浊度适当的菌悬液，使用生化鉴定试剂盒或全自动微生物生化鉴定系统进行鉴定。

（5）血清学鉴定。

①检查培养物有无自凝性：一般采用1.2%～1.5%琼脂培养物作为玻片凝集试验用的抗原。首先排除自凝集反应，在洁净的玻片上滴加一滴生理盐水，将待试培养物混合于生理盐水滴内，使成为均一性的混浊悬液，将玻片轻轻摇动30～60s，在黑色背景下观察反应（必要时用放大镜观察），若出现可见的菌体凝集，即认为有自凝性，反之无自凝性。对无自凝的培养物参照下面2种方法进行血清学鉴定。

②多价菌体抗原（O）鉴定：在玻片上划出2个约1cm×2cm的区域，挑取1环待测菌，各放1/2环于玻片上的每一区域上部，在其中一个区域下部加1滴多价菌体（O）抗血清，在另一区域下部加入1滴生理盐水，作为对照。再用无菌的接种环或针分别将两个区域内的菌苔研成乳状液。将玻片倾斜摇动混合1min，并对着黑暗背景进行观察，任何程度的凝集现象皆为阳性反应。O血清不凝集时，将菌株接种在琼脂量较高的（如2%～3%）培养基上再检查；如果是由于Vi抗原的存在而阻止了O凝集反应时，可挑取菌苔于1mL生理盐水中做成浓菌液，于酒精灯火焰上煮沸后再检查。

③多价鞭毛抗原（H）鉴定：操作同②。H抗原发育不良时，将菌株接种在0.55%～0.65%半固体琼脂平板的中央，待菌落蔓延生长时，在其边缘部分取菌检查；或将菌株通过接种装有0.3%～0.4%半固体琼脂的小玻管1～2次，自远端取菌培养后再检查。

6.2.5　光谱技术在生乳中检测微生物的应用

拉曼光谱（Raman spectra）是指利用印度科学家拉曼（Raman）所发现的拉曼散射效应，即当光通过透明介质时被分子散射的光频率发生变化，通过对与入射光频率不同的散射光谱进行分析，以获得分子振动以及转动的相关数据信息，常用于分子结构研究。

嗜热链球菌（*Streptococcus thermophilus*）和保加利亚乳杆菌（*Lactobacillus bulgaricus*）噬菌体是导致乳制品行业出现问题的主要噬菌体。Tayyarcan等（2018）开发了一种结合拉曼光谱法和化学计量学分析的方法来检测生乳中噬菌体的存在，通过拉曼光谱法可以检测到低浓度的嗜热链球菌噬菌体（10^2 CFU/mL），而且分析时间短（60min），测定系数（R^2）值高，可同时进行校正（0.985）和验证（0.906）校准的均方根误差为70.54，预测的均方根误差为165.47。但是保加利亚乳杆菌噬菌体获得的成功率较低，并且获得的测定系数值不够高（0.649）。该方法可以很好地鉴定出嗜热链球菌，通过比较可从污染源中的嗜热链球菌是否一致来追踪传染源，为受到嗜热链球菌污染的奶制品提供了更快的可追溯性分析。

Xie等（2019）将可能含有鼠伤寒沙门菌的待检测牛奶添加到含有重水的培养基中进行培养，然后收集培养的鼠伤寒沙门菌细胞并进行拉曼光谱扫描，并对获得的原始拉曼光谱进行分析和处理，从而检测出待检测牛奶中的鼠伤寒沙门菌，检出限为10^4～10^8CFU/mL。Feng等（2018）结合重水（D_2O）标记和拉曼光谱测量细菌代谢活性，开发了一种快速灵敏检测牛奶中鼠伤寒沙门菌（*Salmonella typhimurium*）的检测方法，检测时间4～8h，回收率高达95.41%～106.6%。该方法具有检测时间短、灵敏度高、成本低、操作简便、实施方便、快捷等优点，是一种快速检测鼠伤寒沙门菌的理想方法，具有极好的实际应用前景，非常适合应用于食品安全等领域，也为受到鼠伤寒沙门菌污染的奶制品提供了更快的可追溯性分析。

6.2.6　质谱技术在生乳中检测微生物的应用

基质辅助激光解吸电离飞行时间质谱（MALDI-TOF-MS）的基本原理是利

用基质能够吸收激光能量的特性，通过激光对基质中样品晶体进行照射，使基质与样品间发生电荷转移，样品解吸附，样品分子电离，然后利用电场使样品分子到达检测器，根据其到达检测器的飞行时间差异达到检测的目的。

MALDI-TOF-MS可以非常快速地诊断出固体培养基上分离出的细菌、真菌菌落上的物种，可以直接从阳性血培养瓶或某些样品如尿液中鉴定细菌，还可以用于鉴定复杂食物链中食物破坏者和食源性病原体的属、种、分离株，追踪大量食源性病原微生物。但对李斯特菌属的精确区分依然是目前环境和食品安全中的关键问题。Ojima-Kato等（2016）开发了一种基于MALDI-TOF-MS的应变解决方案新型软件，构建了一个准确可靠的MS数据库，利用S10-GERMS方法来解决李斯特菌的系谱和种类，即单增李斯特菌（*Listeria monocytogenes*）、英诺克李斯特菌（*Listeria innocua*）、威尔斯李斯特菌（*Listeria welshimeri*）、斯氏李斯特菌（*Listeria seeligeri*）、伊氏李斯特菌（*Listeria ivanovii*）、格氏李斯特菌（*Listeria grayi*）、*Listeria rocourtiae*的精确区分问题，实现物种或血清型水平微生物的全自动鉴定，为受李斯特菌污染的奶制品提供更快的可追溯性分析。

Goldstein等（2013）使用MALDI-TOF-MS表征了由在两种培养条件下（琼脂和肉汤）并使用完整细胞法（Intact cell method）和蛋白质提取法（Protein extraction method，PEM）这两种样品制备方法分离出的5个对甲氧西林不耐药（Methicillin-sensitive，MSSA）和5个对甲氧西林耐药（Methicillin-resistant，MRSA）的金黄色葡萄球菌组成的模型系统及对金黄色葡萄球菌谱分析的影响，认为肉汤培养在增加峰数方面进一步改善了光谱质量，PEM促进了峰数和质量范围宽度的增加，提高了在相同培养条件下制备样品的重现性，所有结果表明肉汤/PEM可最大限度地发挥MALDI-TOF-MS表征金黄色葡萄球菌的性能。该方法可以在使用MALDI-TOF-MS系统的实验室广泛应用，以进行除常规指纹识别之外的菌株或血清型水平的微生物分类，为受金黄色葡萄球菌污染的奶制品提供更快的可追溯性分析。该研究将为区分临床和诊断实验室以及食品相关行业中的细菌开辟新的窗口。

MALDI-TOF-MS越来越多地被用作一种可靠的技术来鉴定病原微生物，但该方法也有一定的局限性。Rim等（2015）的研究是第一篇仅关注MALDI-TOF-MS与PFGE相比的树状图功能的论文，研究发现MALDI-TOF-MS不能替代PFGE进行鲍氏不动杆菌（*Acinetobacter baumannii*）的克隆性分析。另外，MALDI-TOF-MS对于某些重要的病原微生物无法进行准确的亚分化。Lasch等（2014）选择112株粪肠球菌分离株（CC2、CC5、CC9、CC17、CC22、CC25、CC26、CC92、CC92、CC92）总共52种多位点ST和59种不同的金黄色葡萄球菌对MALDI-TOF-MS进行评估，发现MALDI-TOF-MS的鉴别能力并不能够将粪肠球菌（*Enterococcus faecalis*）和金黄色葡萄球菌分离物亚分化为不同克隆或克隆复合物的水平。

Hsueh等（2014）选择了147种需氧生长的革兰氏阳性棒状（GPR）分离菌株，这些菌株均已用常规方法或分子方法或同时通过这两种方法鉴定，进MALDI-TOF-MS系统进行评估，结果表明该系统并不能对所有的分离株进行准确的物种级鉴定，需要不断扩展MALDI-TOF-MS数据库以鉴定更多的GPR。

MALDI-TOF/TOF-MS串联质谱仪器的开发，使蛋白质组学方法可用于鉴定菌株特异性生物标志物，多元统计量用于区分分离物的光谱，并使簇与表型相关。该方法将发展成为跟踪和追踪食物变质以及食物致病性菌株和分离株必不可少的工具。

6.2.7　PCR技术在生乳中检测微生物的应用

6.2.7.1　聚合酶链式反应（Polymerase chain reaction，PCR）

PCR技术通过人为控制体外合成系统的温度，使体外双链DNA分子变性解旋成为单链结构，通过引物与单链DNA分子的结合形成引物单链DNA复合物，以及利用聚合酶在dNTP存在的条件下使引物沿单链DNA模板延伸形成双链DNA，并重复上述过程以达到指数式扩增DNA分子的需求。

金黄色葡萄球菌、大肠杆菌和链球菌等致病菌通常会引发奶牛乳腺炎，造成奶牛产量降低和废奶量增加。Liu等（2017）从中国北方4个城市的195个奶牛场收集了195份生乳样品，采用培养基分离和PCR鉴定的方法发现54份（27.7%）样品呈葡萄球菌阳性，并分离得到54株金黄色葡萄球菌，其中16株耐甲氧西林葡萄球菌，这些菌株对青霉素G（85.2%）、氨苄青霉素（79.6%）、红霉素（46.3%）有较高耐药性；此外，72%的菌株表现出对一种以上抗菌剂的耐药性。总的来说，63%的青霉素耐药菌株具有*blaZ*基因，60%的红霉素耐药菌株具有*erm*（A）、*erm*（B）、*erm*（C）、*msr*（A）或*msr*（B）基因5种不同的基因模式；对庆大霉素、卡那霉素和奥拉西林耐药的菌株均分别携带*aac6′-aph2″*、*ant*（4′）*-Ia*和*mec*A基因；2株*tet*（M）阳性分离株携带*Tn*916-*Tn*1545转座子特异基因；最主要的毒力基因是*sec*、*sea*和*pvl*，它们分别编码葡萄球菌肠毒素（*sec*和*sea*）和杀白细胞介素；32个分离株（59.2%）具有一个或多个毒力基因；大多数葡萄球菌具有多重耐药性，并携带多种毒力基因，可能对公众健康构成威胁；建议用抗生素特别是青霉素和氨苄青霉素治疗葡萄球菌引起的乳腺炎要格外慎重。

孟璐等（2019）从中国陕西西安、咸阳、渭南和铜川等城市的87个牧场共采集了87份生鲜乳样品。采用假单胞菌属选择性培养基进行筛选，基于PCR检测假单胞杆菌16S DNA基因和*rpoB*基因鉴定假单胞杆菌种。试验通过假单胞杆菌16S DNA特异性PCR共鉴定出143株假单胞杆菌分离株。基于通用16S rRNA和*rpoB*

基因测序分析共鉴定出14种不同的假单胞杆菌。根据Anzai等的研究，试验鉴定的14种假单胞杆菌属于4个不同的组别，分别为荧光假单胞组、绿针假单胞杆菌组、恶臭假单胞杆菌组和未知组。荧光假单胞杆菌组的菌株数量最高，其次是绿针假单胞杆菌组。

6.2.7.2 定量即时聚合酶连锁反应/实时定量PCR（Quantitative real time qolymerase chain reaction/ Real–time quantitative PCR，RT–qPCR/q–PCR）

q-PCR利用荧光标记在PCR指数扩增期间，对荧光信号强弱的变化进行连续监测，达到即时测定特异性产物的量的目的。

食品化合物对PCR的抑制作用很高，会经常出现假阴性结果，使受病原微生物污染的乳及乳制品进行可追溯性分析时的难度增加，而q-PCR在检测沙门菌时可以避免假阳性。Demirci等（2019）从48头奶牛、65头山羊、65头绵羊、53头驴共收集231份奶样品进行研究，采用ISO 6579：2002和ISO 21567：2004方法，抗菌药敏试验和血清分型之后，通过MALDI-TOF-MS对病原微生物进行物种和亚种区分，5份羊奶样品（2.16%）呈沙门菌属阳性，而通过q-PCR检测发现仅2份羊奶样品（0.87%）呈沙门菌属阳性，并且所有的牛奶样品均不含沙门菌属和志贺氏菌属。

Hernández等（2017）开发并测试了q-PCR分析法用于针对产气荚膜梭菌（*Clostridium perfringens*）的物种特异性检测，该检测针对磷脂酶C（Phospholipase C，PLC）基因并包括内部扩增对照，从而避免假阴性结果的出现，用25mL人工污染的生乳评估了q-PCR分析的适用性，通过q-PCR检测到300个孢子，检出率为78%，实际定量限为每25mL牛奶3 000个孢子，q-PCR分析结果与标准平板测定的每毫升孢子数之间的对应关系表明，其准确度为83.03%～151.18%，这种q-PCR方法可有效检测和定量牛奶中的产气荚膜梭菌。因不同地区的微生物群在其生存环境中有着特异性的指纹图谱，通过比较污染样品和可能污染源中的产气荚膜梭菌是否一致，可以对受产气荚膜梭菌污染的奶制品进行追踪，达到溯源的目的。

q-PCR可以区分菌株并鉴定单核细胞增生李斯特菌血清型的亚型，但是q-PCR的准确性受引物、模板DNA的质量、抑制剂的存在、样品、引物、探针和酶处理和储存的影响。与常规PCR相比q-PCR具有更强的特异性、自动化程度高等特点，还可以有效解决PCR污染问题，被广泛地应用于分子生物学研究的各个领域。

6.2.7.3 多重聚合酶链反应（Multiplex PCR，mPCR）

mPCR技术用于多种病原微生物的同时检测和某些病原微生物的分型鉴定。

其反应原理、反应试剂、操作过程与一般PCR并无不同，其差异在于mPCR技术在同一PCR反应体系里的引物数量*n*（*n*≥2），可同时扩增出多个核酸片段。

Wei等（2018）开发了一种mPCR技术用于同时检测培养液和人工食品基质中的这些食源性病原微生物，用病原微生物中的*rfbE*、*nuc*和*invA*基因的特异性DNA序列设计引物，分别用于鉴定大肠杆菌O157：H7、金黄色葡萄球菌和沙门菌，扩增得到了不受其他非特异性条带污染的物种特异性条带，该测定方法在培养液中的检测灵敏度为10^3CFU/mL，与mPCR在食品样品中的检测限一致，该方法能够准确地鉴定出大肠杆菌O157：H7、金黄色葡萄球菌和沙门菌，通过比较可能污染源中的大肠杆菌O157：H7、金黄色葡萄球菌和沙门菌是否一致，就可以达到溯源的目的。这是一种操作简便的检测方法，对微生物流行病学和食品安全性研究具有重要意义。

6.2.8 基于PCR技术

6.2.8.1 多位点可变数目串联重复序列分析（Multiple locus variable-number tandem repeat analysis，MLVA）

MLVA在PCR技术的基础上通过对基因组上多个具有多态性串联重复序列位点（Variable number of tandem repeats，VNTR）重复数的测定达到区分菌株的目的。因其准确、简洁、高效等优点，多应用于流行病溯源分析。

Ung等（2019）在法国对2 914人进行了关于沙门菌感染问卷调查，并以食物的消费量为依据对不同类别的83个病例采用全基因组测序（Whole genome sequencing，WGS）和MLVA方法进行分析，以鉴定微生物群与病例、动物、食物来源之间的联系，发现76%病例（*n*=63）与食用沙门菌污染的生乳奶酪有关。

布鲁氏菌病是由布鲁氏菌属（*Brucella*）引起的一种人畜共患病，一直被认为是从事畜牧行业的职业病，但现在布鲁氏菌病已经成为一种传染病，影响所有年龄段人群的健康。Dal等（2018）报道了平均年龄为（9.14 ± 3.4）岁儿童食用未经巴氏消毒的牛奶感染布鲁氏菌病，采用常规PCR方法鉴定了77株布鲁氏菌，通过使用MLVA对菌株进行基因分型，发现儿童布鲁氏菌病主要是由相同来源引起的，控制动物的活动并避免摄入污染奶制品对阻断儿童布鲁氏菌病的传播很重要。MLVA技术已在全世界布鲁氏菌属的分子流行病学中广泛使用。Ma等（2016）从青海的人、畜禽、野生动物中获得了65株布鲁氏菌属分离株，采用MLVA和多位点序列分型（Multilocus sequence typing，MLST）分为*B.melitensis*（60）、*B.abortus*（4）和*B.suis*（1）共3个种，发现青海地区至少有3种特有的布鲁氏菌，可能是由于青海省独特的地理位置所致。Singh等（2020）对印度某地区47个牛场的136个样品采用MLVA进行分析，并与之前使用MLVA

研究印度分离株的数据进行了比较，从其中6个农场中获得了11株流产双歧杆菌（*Bifidobacterium*）；在MLVA-16分析中，虽然分离株被归为单个聚类，但得到了5个基因型，每个农场都有一个特定的基因型流行，该研究表明，MLVA-16能够在具有高度遗传相似性地区的分离株之间区分流产双歧杆菌。

Ali等（2019）通过MLVA-16分型对巴基斯坦不同地区流产牛的流产胎儿、牛奶、阴道拭子中收集的样品进行分子分型，再通过常规培养方法和PCR对结果进行证实，发现所有菌株均具有相同的MLVA-16谱图，认为同一基因型的流产双歧杆菌在巴基斯坦不同地区流行是该感染在巴基斯坦传播的主要原因。这些数据将有助于制定巴基斯坦人与牛布鲁氏菌病的预防和控制策略。

6.2.8.2 多位点序列分型（Multilocus sequence typing，MLST）

不同的菌株有着不同的ST，MLST技术便是在此基础上，通过对多个管家基因（Housekeeping gene）450bp左右核心片段的核酸序列进行测序，实现其等位基因多样性的比较。因其操作简便、辨识度高，易于不同实验室进行比较，因此被广泛应用于国际间的菌株比较。

布氏弓形杆菌（*Arcobacter butzleri*）是一种能够引起肠道疾病的人畜共患食源性病原微生物。Caruso等（2019）对从396个奶牛场中收集的样品处理后采用MLST表征，认为布氏弓形杆菌是牛奶和奶制品中最常见的微生物，与以前的研究一致。通过MLST分析了20个布氏弓形杆菌菌株，确定了81个等位基因和16个ST，证明了MLST的高区分能力极其适用于流行病学调查。Marta等（2020）发现在意大利南部从散装牛奶收集的484个样品中，13.2%（n=64）存在杆状杆菌，通过生化鉴定和测序分析出4.1%为布氏弓形杆菌，对布氏弓形杆菌使用MLST鉴定出16种不同的ST，其中14种（占87.5%）以前未报道过，由于检测到的多数病原微生物具有遗传多样性，使得在疫病调查中难以确定感染源。

6.2.8.3 限制性长度多态性（Restriction fragment length polymorphism，RFLP）

RFLP作为第一代DNA分子标记技术，由人类遗传学家Bostein于1980年首次提出，时至今日仍被广泛应用于遗传图谱构建、生物进化的分类和研究、基因定位等领域。其基本原理为：当DNA发生突变，而且引起其酶切位点的个数发生变化，此时用同一种限制性内切酶切割这些DNA片段会产生长度和数量均不同的限制性酶切片段，将这些片段通过电泳和转膜及变性后，与标记过的探针进行杂交和洗膜，然后分析其多态性。

金黄色葡萄球菌是常见的食源性病原微生物，可导致奶牛患乳腺炎。奶牛乳腺炎是导致牛奶被污染的重要原因。Dendani等（2016）在法国罗纳-阿尔卑斯地区对乳腺炎病牛收集了共22株金黄色葡萄球菌菌株，采用PCR和PCR-RFLP评估凝固酶Coagulase基因（*coa*）多态性产生了6个分布图，结果表明来自研究区域的奶牛被金黄色葡萄球菌菌株感染，鉴定得到的结果与PFGE相同。基于*coa*基因的PCR-RFLP的鉴定已被认为是用于牛乳腺炎流行病学研究更简单准确的分型方法，可为金黄色葡萄球菌提供更准确的可追溯性分析。

Alni等通过RFLP分析确定奶酪等样品中金黄色葡萄球菌分离株中*coa*基因的多态性，检测到5个不同的RFLP模式（Ⅰ、Ⅱ、Ⅲ、Ⅳ、Ⅴ），每组主要存在一种模式类型，他们认为大多数分离株可能具有相同的起源。健康的奶牛才有可能生产出健康的牛奶，金黄色葡萄球菌属于主要的传染性乳腺炎病原微生物，确定金黄色葡萄球菌分离株之间的遗传关系对于这种细菌引起的感染的流行病学监测和控制很重要。

6.2.8.4 扩增片段长度多态性（Amplified fragment length polymorphism，AFLP）

AFLP技术通过对基因组DNA进行限制性内切酶酶切，将人工合成的特定的双链接头连在这些片段两端，形成一个带接头的特异片段，用这些特异片段为扩增反应提供模板，通过接头序列和PCR引物3′端选择性碱基的识别，对特异性片段进行选择性扩增，即可完成菌株多态性的分析。

在具有手动和机械榨奶系统的10个奶牛场的榨乳过程中，评估DNA同源性和分离株之间的分布模式，以鉴定假单胞菌属牛奶污染的主要来源。Vidal等（2017）分别从手动、机械榨奶系统奶牛场的85个、82个采样点分离出167株假单胞菌属菌株，采用AFLP技术将模式分布在不同的农场和季节，不同农场的榨奶系统、不同季节均未观察到显著差异（$P>0.05$），因此认为牛奶中假单胞菌属污染可能与榨乳者的手、奶牛乳头表面、奶杯、设备的污染有关。

嗜热链球菌（*Streptococcus thermophilus*）是一种广泛用于牛奶发酵过程中的乳酸菌（Lactic acid bacteria，LAB）。Lazzi等（2009）评估并比较了AFLP和随机扩增多态性DNA（Random amplified polymorphic DNA，RAPD）的指纹分辨率，总体数据表明通过AFLP进行的基因型表征可以更好地了解嗜热链球菌的微生物多样性，表明RAPD的区分度低于AFLP。AFLP分析在嗜热链球菌菌株鉴定中的成功应用表明，该技术可用于定义每个特定菌株的全基因组多样性，作为截至目前使用的指纹方法的替代方法。

6.2.8.5 变性梯度凝胶电泳（Denatured gradient gel electrophoresis，DGGE）

DGGE的原理是通过在一般聚丙烯酰胺凝胶的基础上加入变性剂（尿素和甲酰胺），通过控制变性剂浓度，利用不同序列DNA解链区域与解链行为不一致的原理，达到对等长度但序列不同DNA片段的分离。

大多数嗜冷菌具有产生耐热蛋白酶的能力，这些蛋白酶会破坏牛奶和奶制品的质量。为了研究冷藏期间嗜冷菌的种群动态，Xin等（2017）将3组牛奶样本（样本A包含北京10个农场的牛奶，样本B包含黑河5个农场的牛奶，样本C包含哈尔滨7个农场的牛奶）在0～5℃和5～10℃下冷藏，采取PCR-DGGE分析表明储存后样品中主要的嗜冷菌为假单胞菌属，而且细菌群落概况随地理位置和冷藏温度而变化，在其中选择了8种嗜冷菌分离株评估了它们的生长和蛋白水解活性，认为嗜冷菌与牛奶和乳制品的质量有重大关系。

Nalepa等（2017）共使用了73个参考菌株，并选择了代表5个细菌组（发酵细菌、非发酵细菌、粪便细菌、孢子形成细菌和致病细菌）的24个菌株来建立参考标记，用于分析生乳和奶酪样品微生物区系，通过PCR-DGGE方法对生乳和成熟奶酪中的微生物群进行定性评估，在生乳中发现明串珠菌属（*Leuconostoc*）、短乳杆菌（*Lactobacillus brevis*）、发酵菌［弗氏乳杆菌（*Lactobacillus freundii*）、乳酸乳球菌（*Lactococcus lactis*）、隐球菌属（*Cryptococcus*）］和非发酵菌［发酵乳杆菌（*Lactobacillus fermentum*）、植物乳杆菌（*Lactobacillus plantarum*）］在奶酪样品中存在较普遍，在MRS、M17和ML培养基上培养的干酪中鉴定出大肠杆菌、产气荚膜梭菌、金黄色葡萄球菌，该研究开发的标记物不需要条带分离、重新扩增、测序或序列鉴定，从而减少了分析时间和成本。该方法能够准确地鉴定出大肠杆菌、产气荚膜梭菌、金黄色葡萄球菌，通过比较与可能污染源的大肠杆菌、产气荚膜梭菌、金黄色葡萄球菌是否一致，就能追踪到传染源，以达到溯源的目的。

6.2.9 全基因组测序（Whole genome sequencing，WGS）

WGS的基本原理是利用超级计算机将分解成2kb左右小片段的基因组DNA进行随机测序后，与适量的10kb克隆和细菌人工染色体（Bacterial artificial chromosome，BAC）克隆的末端测序进行整合序列组装，来完成对某生物体整个序列基因的测序。通过WGS可获得的最佳分型分辨率使得在暴发过程中甚至可以监测暴发菌株中发生的微小遗传变异，从而追踪传播事件。

Parisi等（2019）使用WGS方法分析了10株从牛乳样品中分离出的布氏弓形杆菌菌株的遗传多样性、毒力、抗生素耐药性，结果证实了WGS在获得有关这种重要的食源性病原体的相关信息用以检测其毒力、抗生素耐药基因和进行基因分型方面非常有用。Butchcr等（2016）通过WGS研究发现因饮用生乳造成的5例STEC O157噬菌体感染病人与该牧场粪便样品中的菌株相同，在此次因饮用生乳造成的感染暴发中，WGS的使用提高了病例的确定性，并为与英格兰西南部相关的STEC O157 PT 21/28 stx2a高致病性进化支提供了进一步的见解。

郭清艳等（2018）从2005—2006年进口奶制品的原料和婴儿配方奶粉产品中分离出49株阪崎肠杆菌，通过第2代测序获得了全基因组序列，将49个分离株鉴定为8种不同的ST，其中ST13（65.3%，32/49）是最主要的。WGS不仅可以用于MLST分型，还可以用于区分16S rRNA基因序列高度相似的菌株，使病原微生物的分类更准确，为受阪崎肠杆菌污染的奶制品提供更快的可追溯性分析。

尽管WGS在食品工业溯源中的使用越来越多，但截至目前尚无已使用的标准或指南。Portmann等（2018）根据稳定性、可重复性、可再现性、歧视能力（Discriminatory power）、流行病学一致性标准，对单核细胞增生李斯特菌和肠炎沙门菌的完整WGS工作流程（分离物的继代培养、DNA提取、测序和生物信息学分析）进行了验证，证明了WGS具有稳定性、可重复性、可再现性、歧视能力、与流行病学的一致性和很高的区分力，同时也证明了WGS适用于追踪单核细胞增生李斯特菌和小肠链球菌。遗传数据的透明化、公开化有助于促进和加强各学科之间的交流与合作，也有利于找出更好的方法去更好地溯源。美国食品和药物管理局（Food and Drug Administration，FDA）与美国国家生物信息中心（National Center for Biotechnology Information，NCBI）联合开发了第一个分布式WGS网络，创建了一个可公开获得的包括沙门菌在内的数千种食源性致病细菌的基因的全球数据库。随着测序成本的降低，全基因组测序在食品安全上将发挥其巨大的潜力。

随着经济全球化的深入，食品经济也在以超乎寻常的速度更新换代。然而，多样与便捷就意味着食品安全风险的增加。如今，食品安全越来越受到人们的关注，对食源性疾病原因和来源问责制的需求也日益增加。准确追踪特定致病性微生物在暴发过程中所经过的途径变得越来越重要。与传统的表型分析方法相比，分子分型方法能够更稳定、更持久地为食品中致病性微生物的检测与研究提供可靠帮助。而且，这类技术不囿于传统数据的支撑，可根据微生物的进化过程快速进行技术更新，及时完善DNA序列数据库，为高频跨境危险性微生物风险评估、奶产品病原微生物风险评估以及国家监管机构工作和监管政策制定提供科学依据，也将为双边贸易谈判、国门安全风险预警提供科技支撑，为全体国民的健康提供强有力的保障。

7 黄曲霉毒素M1残留

7.1 概述

黄曲霉毒素是一类化学结构类似的化合物，为二氢呋喃香豆素的衍生物。黄曲霉毒素是主要由黄曲霉、寄生曲霉产生的次生代谢产物，在湿热地区食品和饲料中出现黄曲霉毒素的概率较高。它们存在于土壤、动植物、各种坚果中，特别是容易污染花生、玉米、稻米、大豆、小麦等粮油产品，是霉菌毒素中毒性最大、对人类健康危害极为突出的一类霉菌毒素。

奶牛采食被黄曲霉毒素B_1污染的日粮后，通过肠道吸收，在泌乳牛体内代谢转化为黄曲霉毒素M1，黄曲霉毒素M1经血液循环由乳腺排出进入到牛奶中，引起牛奶中黄曲霉毒素M1污染，牛奶中黄曲霉毒素M1高度稳定，不能通过巴氏杀菌法将之降解。

大多数试验表明，黄曲霉毒素M1在乳汁中的转移率介于0.1%～6%，公认平均值为1.7%。如果按照1.7%的转化率计算，当日粮干物质中黄曲霉毒素B_1含量超过30μg/kg时，生乳中的黄曲霉毒素M1含量就会达到0.5μg/kg的中国安全限量。由于黄曲霉毒素M1十分稳定并不同程度污染乳及乳制品，为了最大限度地减轻黄曲霉毒素M1对人体的危害，大多数国家都立法规定了乳及乳制品中黄曲霉毒素M1的限量标准。因此，积极监测乳及乳制品中黄曲霉毒素M1，对保证乳及乳制品质量安全具有重要意义。

7.2 检测技术应用

7.2.1 同位素稀释液相色谱-串联质谱法

7.2.1.1 原理

试样中的黄曲霉毒素M1和黄曲霉毒素M2用甲醇-水溶液提取，上清液用水或磷酸盐缓冲液稀释后，经免疫亲和柱净化和富集，净化液浓缩、定容和过滤后经液相色谱分离，串联质谱检测，同位素内标法定量。

7.2.1.2 试剂和材料

除非另有说明，本方法所用试剂均为分析纯，水为GB/T 6682规定的一级水。

乙腈（CH_3CN）：色谱纯。

甲醇（CH_3OH）：色谱纯。

乙酸铵（CH_3COONH_4）。

氯化钠（NaCl）。

磷酸氢二钠（Na_2HPO_4）。

磷酸二氢钾（KH_2PO_4）。

氯化钾（KCl）。

盐酸（HCl）。

石油醚：沸程为30～60℃。

乙酸铵溶液（5mmol/L）：称取0.39g乙酸铵，溶于1 000mL水中，混匀。

乙腈-水溶液（25+75）：量取250mL乙腈加入750mL水中，混匀。

乙腈-甲醇溶液（50+50）：量取500mL乙腈加入500mL甲醇中，混匀。

磷酸盐缓冲溶液（以下简称PBS）：称取8.00g氯化钠、1.20g磷酸氢二钠（或2.92g十二水磷酸氢二钠）、0.20g磷酸二氢钾、0.20g氯化钾，用900mL水溶解后，用盐酸调节pH值至7.4，再加水至1 000mL。

AFT M1标准品（$C_{17}H_{12}O_7$，CAS：6795-23-9）：纯度≥98%，或经国家认证并授予标准物质证书的标准物质。

AFT M2标准品（$C_{17}H_{14}O_7$，CAS：6885-57-0）：纯度≥98%，或经国家认证并授予标准物质证书的标准物质。

^{13}C17-AFT M1同位素溶液（$^{13}C_{17}H_{14}O_7$）：0.5μg/mL。

标准储备液（10μg/mL）：分别称取AFT M1和AFT M2 1mg（精确至0.01mg），分别用乙腈溶解并定容至100mL。将溶液转移至棕色试剂瓶中，在-20℃下避光密封保存。临用前进行浓度校准（校准方法参见附录A）。

混合标准储备液（1.0μg/mL）：分别准确吸取10μg/mL AFT M1和AFT M2标准储备液1.00mL于同一10mL容量瓶中，加乙腈稀释至刻度，得到1.0μg/mL的混合标准液。此溶液密封后避光4℃保存，有效期3个月。

混合标准工作液（100ng/mL）：准确吸取混合标准储备液（1.0μg/mL）1.00mL至10mL容量瓶中，乙腈定容。此溶液密封后避光4℃下保存，有效期3个月。

50ng/mL同位素内标工作液1（^{13}C17-AFT M1）：取AFT M1同位素内标（0.5μg/mL）1mL，用乙腈稀释至10mL。在-20℃下保存，供测定液体样品时使用，有效期3个月。

5ng/mL同位素内标工作液2（^{13}C17-AFT M1）：取AFT M1同位素内标（0.5μg/mL）100μL，用乙腈稀释至10mL。在-20℃下保存，供测定固体样品时使用，有效期3个月。

标准系列工作溶液：分别准确吸取标准工作液5μL、10μL、50μL、100μL、200μL、500μL至10mL容量瓶中，加入100μL 50ng/mL的同位素内标工作液，用初始流动相定容至刻度，配制AFT M1和AFT M2浓度均为0.05ng/mL、0.1ng/mL、0.5ng/mL、1.0ng/mL、2.0ng/mL、5.0ng/mL的系列标准溶液。

7.2.1.3 仪器和设备

天平：感量0.01g、0.001g和0.000 01g。

水浴锅：温控（50±2）℃。

涡旋混合器。

超声波清洗器。

离心机：≥6 000r/min。

旋转蒸发仪。

固相萃取装置（带真空泵）。

氮吹仪。

液相色谱-串联质谱仪：带电喷雾离子源。

圆孔筛：1~2mm孔径。

玻璃纤维滤纸：快速，高载量，液体中颗粒保留1.6μm。

一次性微孔滤头：带0.22μm微孔滤膜（所选用滤膜应采用标准溶液检验确认无吸附现象，方可使用）。

免疫亲和柱：柱容量≥100ng（柱容量、回收率、柱回收率验证方法参见附录B）。

注：对于每个批次的亲和柱在使用前需进行质量验证。

7.2.1.4 分析步骤

使用不同厂商的免疫亲和柱，在样品的上样、淋洗和洗脱的操作方面可能略有不同，应该按照供应商所提供的操作说明书要求进行操作。

（1）样品提取。

液态乳、酸奶：称取4g混合均匀的试样（精确到0.001g）于50mL离心管中，加入100μL ^{13}C17-AFT M1内标溶液（5ng/mL）振荡混匀后静置30min，加入10mL甲醇，涡旋3min。置于4℃、6 000r/min下离心10min或经玻璃纤维滤纸过滤，将适量上清液或滤液转移至烧杯中，加40mL水或PBS稀释，备用。

乳粉、特殊膳食用食品：称取1g样品（精确到0.001g）于50mL离心管中，加入100μL ^{13}C17-AFT M1内标溶液（5ng/mL）振荡混匀后静置30min，加入4mL50℃热水，涡旋混匀。如果乳粉不能完全溶解，将离心管置于50℃的水浴中，将乳粉完全溶解后取出。待样液冷却至20℃后，加入10mL甲醇，涡旋3min。置于4℃、6 000r/min下离心10min或经玻璃纤维滤纸过滤，将适量上清液或滤液转移至烧杯中，加40mL水或PBS稀释，备用。

奶油：称取1g样品（精确到0.001g）于50mL离心管中，加入100μL ^{13}C17-AFT M1内标溶液（5ng/mL）振荡混匀后静置30min，加入8mL石油醚，待奶油溶解，再加9mL水和11mL甲醇，振荡30min，将全部液体移至分液漏斗中。加入0.3g氯化钠充分摇动溶解，静置分层后，将下层移到圆底烧瓶中，旋转蒸发至10mL以下，用PBS稀释至30mL。

奶酪：称取1g已切细、过孔径1～2mm圆孔筛混匀样品（精确到0.001g）于50mL离心管中，加100μL ^{13}C17-AFT M1内标溶液（5ng/mL）振荡混匀后静置30min，加入1mL水和18mL甲醇，振荡30min，置于4℃、6 000r/min下离心10min或经玻璃纤维滤纸过滤，将适量上清液或滤液转移至圆底烧瓶中，旋转蒸发至2mL以下，用PBS稀释至30mL。

（2）净化。将低温下保存的免疫亲和柱恢复至室温。免疫亲和柱内的液体放弃后，将上述样液移至50mL注射器筒中，调节下滴流速为1～3mL/min。待样液滴完后，往注射器筒内加入10mL水，以稳定流速淋洗免疫亲和柱。待水滴完后，用真空泵抽干亲和柱。脱离真空系统，在亲和柱下放置10mL刻度试管，取下50mL的注射器筒，加入2次，每次2mL乙腈（或甲醇）洗脱亲和柱，控制1～3mL/min下滴速度，用真空泵抽干亲和柱，收集全部洗脱液至刻度试管中。在50℃下氮气缓缓地将洗脱液吹至近干，用初始流动相定容至1.0mL，涡旋30s溶解残留物，0.22μm滤膜过滤，收集滤液于进样瓶中以备进样。

注：全自动（在线）或半自动（离线）的固相萃取仪器可优化操作参数后使用。为防止黄曲霉毒素M1破坏，相关操作在避光（直射阳光）条件下进行。

（3）液相色谱参考条件。

液相色谱柱：C18柱（柱长100mm，柱内径2.1mm，填料粒径1.7μm），或相当者。

色谱柱柱温：40℃。

流动相：A相，5mmol/L乙酸铵水溶液；B相，乙腈-甲醇（50+50）。

梯度洗脱：参见表7-1。

流速：0.3mL/min。

进样体积：10μL。

（4）质谱参考条件。

检测方式：多离子反应监测（MRM）。

离子源控制条件：参见表7-2。

离子选择参数：见表7-3。

液相色谱-质谱图和子离子扫描图：见附录C。

表7-1 液相色谱梯度洗脱条件

时（min）	流动相A（%）	流动相B（%）	梯度变化曲线
0.0	68.0	32.0	—
0.5	68.0	32.0	1
4.2	55.0	45.0	6
5.0	0.0	100.0	6
5.7	0.0	100.0	1
6.0	68.0	32.0	6

表7-2 离子源控制条件

电离方式	ESI^+
毛细管电压（kV）	17.5
锥孔电压（V）	45
射频透镜1电压（V）	12.5
射频透镜2电压（V）	12.5
离子源温度（℃）	120
锥孔反吹气流量（L/h）	50
脱溶剂气温度（℃）	350
脱溶剂气流量（L/h）	500
电子倍增电压（V）	650

表7-3 质谱参数条件

化合物名称	母离子（m/z）	定量子离子（m/z）	碰撞能量（eV）	定性子离子（m/z）	碰撞能量（eV）	离子化方式
AFT M1	329	273	23	259	23	ESI^+
^{13}C-AFT M1	346	317	23	288	24	ESI^+
AFT M2	331	275	23	261	22	ESI^+

（5）定性测定。试样中目标化合物色谱峰的保留时间与相应标准色谱峰的保留时间相比较，变化范围应在±2.5%。

每种化合物的质谱定性离子必须出现，至少应包括一个母离子和两个子离子，而且同一检测批次，对同一化合物，样品中目标化合物的两个子离子的相对丰度比与浓度相当的标准溶液相比，其允许偏差不超过表7-4规定的范围。

表7-4　质谱参数条件

相对离子丰度（%）	≥50	20～50	10～20	≤10
允许相对偏差（%）	±20	±25	±30	±50

（6）标准曲线的制作。在液相色谱-串联质谱仪分析条件下，将标准系列溶液由低到高浓度进样检测，以AFT M1和AFT M2色谱峰与内标色谱峰^{13}C17-AFT M1的峰面积比值-浓度作图，得到标准曲线回归方程，其线性相关系数应大于0.99。

（7）试样溶液的测定。取处理得到的待测溶液进样，内标法计算待测液中目标物质的质量浓度，计算样品中待测物的含量。

（8）空白试验。不称取试样，按前处理方法做空白试验。应确认不含有干扰待测组分的物质。

7.2.1.5　分析结果的表述

试样中AFT M1或AFT M2的残留量按式（7-1）计算。

$$X=\frac{\rho\times V\times f\times 1\,000}{m\times 1\,000} \qquad (7-1)$$

式中：X为试样中AFT M1或AFT M2的含量（μg/kg）；

ρ为进样溶液中AFT M1或AFT M2按照内标法在标准曲线中对应的浓度（ng/mL)；

V为样品经免疫亲和柱净化洗脱后的最终定容体积（mL）；

f为样液稀释因子；

1 000为换算系数；

m为试样的称样量（g）。

计算结果保留3位有效数字。

7.2.1.6　精密度

在重复性条件下获得的两次独立测定结果的绝对差值不得超过算术平均值的20%。

7.2.1.7 其他

称取液态乳、酸奶4g时，本方法AFT M1检出限为0.005μg/kg，AFT M2检出限为0.005μg/kg；AFT M1定量限为0.015μg/kg，AFT M2定量限为0.015μg/kg。

称取乳粉、特殊膳食用食品、奶油和奶酪1g时，本方法AFT M1检出限为0.02μg/kg，AFT M2检出限为0.02μg/kg；AFT M1定量限为0.05μg/kg，AFT M2定量限为0.05μg/kg。

7.2.2 高效液相色谱法

7.2.2.1 原理

试样中的黄曲霉毒素M1和黄曲霉毒素M2用甲醇-水溶液提取，上清液稀释后，经免疫亲和柱净化和富集，净化液浓缩、定容和过滤后经液相色谱分离，荧光检测器检测。外标法定量。

7.2.2.2 试剂和材料

乙腈（CH_3CN）：色谱纯。

甲醇（CH_3OH）：色谱纯。

氯化钠（NaCl）。

磷酸氢二钠（Na_2HPO_4）。

磷酸二氢钾（KH_2PO_4）。

氯化钾（KCl）。

盐酸（HCl）。

石油醚（C_nH_{2n+2}）：沸程为30～60℃。

乙腈-水溶液（25+75）：量取250mL乙腈加入750mL水中，混匀。

乙腈-甲醇溶液（50+50）：量取500mL乙腈加入500mL甲醇中，混匀。

磷酸盐缓冲溶液（以下简称PBS）：称取8.00g氯化钠、1.20g磷酸氢二钠（或2.92g十二水磷酸氢二钠）、0.20g磷酸二氢钾、0.20g氯化钾，用900mL水溶解后，用盐酸调节pH值至7.4，再加水至1 000mL。

AFT M1标准品（$C_{17}H_{12}O_7$，CAS：6795-23-9）：纯度≥98%，或经国家认证并授予标准物质证书的标准物质。

AFT M2标准品（$C_{17}H_{14}O_7$，CAS：6885-57-0）：纯度≥98%，或经国家认证并授予标准物质证书的标准物质。

标准储备液（10μg/mL）：分别称取AFT M1和AFT M2 1mg（精确至0.01mg），分别用乙腈溶解并定容至100mL。将溶液转移至棕色试剂瓶中，在-20℃下避光密封保存。临用前进行浓度校准（校准方法参见附录A）。

混合标准储备液（1.0μg/mL）：分别准确吸取10μg/mL AFT M1和AFT M2标准储备液1.00mL于同一10mL容量瓶中，加乙腈稀释至刻度，得到1.0μg/mL的混合标液。此溶液密封后避光4℃保存，有效期3个月。

100ng/mL混合标准工作液（AFT M1和AFT M2）：准确移取混合标准储备液（1.0μg/mL）1.0mL至10mL容量瓶中，加乙腈稀释至刻度。此溶液密封后避光4℃下保存，有效期3个月。

标准系列工作溶液：分别准确移取标准工作液5μL、10μL、50μL、100μL、200μL、500μL至10mL容量瓶中，用初始流动相定容至刻度，AFT M1和AFT M2的浓度均为0.05ng/mL、0.1ng/mL、0.5ng/mL、1.0ng/mL、2.0ng/mL、5.0ng/mL的系列标准溶液。

7.2.2.3 仪器和设备

天平：感量0.01g、0.001g和0.000 01g。

水浴锅：温控（50±2）℃。

涡旋混合器。

超声波清洗器。

离心机：转速≥6 000r/min。

旋转蒸发仪。

固相萃取装置（带真空泵）。

氮吹仪。

圆孔筛：1~2mm孔径。

液相色谱仪（带荧光检测器）。

玻璃纤维滤纸：快速、高载量、液体中颗粒保留1.6μm。

一次性微孔滤头：带0.22μm微孔滤膜。

免疫亲和柱：柱容量≥100ng（柱容量、回收率、柱回收率验证方法参见附录B）。

注：对于不同批次的亲和柱在使用前需进行质量验证。

7.2.2.4 分析步骤

使用不同厂商的免疫亲和柱，在样品上样、淋洗和洗脱的操作方面可能略有不同，应该按照供应商所提供的操作说明书要求进行操作。

（1）试液提取。除不加同位素内标溶液，方法同同位素稀释液相色谱-串联质谱法。

（2）净化。方法同同位素稀释液相色谱-串联质谱法。

（3）液相色谱参考条件。

液相色谱柱：C18柱（柱长150mm，柱内径4.6mm，填料粒径5μm），或相当者。

柱温：40℃。

流动相：A相，水；B相，乙腈-甲醇（50+50）。

等梯度洗脱条件：A，70%；B，30%。

流速：1.0mL/min。

荧光检测波长：激发波长360nm，发射波长430nm。

进样量：50μL。

液相色谱图见附录D。

（4）测定。

标准曲线的制作：将系列标准溶液由低到高浓度依次进样检测，以峰面积-浓度作图，得到标准曲线回归方程。

试样溶液的测定：待测样液中的响应值应在标准曲线线性范围内，超过线性范围的则应稀释后重新进样分析。

空白试验：不称取试样，按前处理方法做空白试验。确认不含有干扰待测组分的物质。

（5）分析结果的表述。试样中AFT M1或AFT M2的残留量按式（7-2）计算。

$$X = \frac{\rho \times V \times f \times 1\,000}{m \times 1\,000} \tag{7-2}$$

式中：X为试样中AFT M1或AFT M2的含量（μg/kg）；

ρ为进样溶液中AFT M1或AFT M2的色谱峰由标准曲线所获得AFT M1或AFT M2的浓度（ng/mL）；

V为样品经免疫亲和柱净化洗脱后的最终定容体积（mL）；

f为样液稀释因子；

1 000为换算系数；

m为试样的称样量（g）。

计算结果保留3位有效数字。

（6）精密度。在重复性条件下获得的两次独立测定结果的绝对差值不得超过算术平均值的20%。

（7）其他。称取液态乳、酸奶4g时，本方法AFT M1检出限为0.005μg/kg，AFT M2检出限为0.002 5μg/kg；AFT M1定量限为0.015μg/kg，AFT M2定量限为0.007 5μg/kg。

称取乳粉、特殊膳食用食品、奶油和奶酪1g时，本方法AFT M1检出限为

0.02μg/kg，AFT M2检出限为0.01μg/kg；AFT M1定量限为0.05μg/kg，AFT M2定量限为0.025μg/kg。

7.2.3 酶联免疫吸附筛查法

7.2.3.1 原理

试样中的黄曲霉毒素M1经均质、冷冻离心、脱脂或有机溶剂萃取等处理获得上清液。利用被辣根过氧化物酶标记或固定在反应孔中的黄曲霉毒素M1与样品或标准品中的黄曲霉毒素M1竞争性结合特异性抗体。在洗涤后加入相应显色剂显色，经无机酸终止反应，于450nm或630nm波长下检测。样品中的黄曲霉毒素M1与吸光度在一定浓度范围内成反比。

7.2.3.2 试剂和溶剂

配制溶液所需试剂均为分析纯，水为GB/T 6682规定的二级水。

按照试剂盒说明书所述，配制所需溶液。

所用商品化的试剂盒需按照附录E所述方法验证合格后方可使用。

7.2.3.3 仪器和设备

微孔板酶标仪：带450nm与630nm（可选）滤光片。

天平：最小感量0.01g。

离心机：转速≥6 000r/min。

涡旋混合器。

7.2.3.4 分析步骤

（1）样品前处理。

液态样品：取约100g待测样品摇匀，将其中10g样品用离心机在6 000r/min或更高转速下离心10min。取下层液体约1g于另一试管内，该溶液可直接测定，或者利用试剂盒提供的方法稀释后测定（待测液）。

乳粉、特殊膳食用食品：称取10g待测样品（精确到0.1g）到小烧杯中，加水溶解，转移到100mL容量瓶中，用水定容至刻度。以下步骤同液态样品。

奶酪：称取50g待测样品（精确到0.1g），去除表面非食用部分，硬质奶酪可用粉碎机直接粉碎；软质奶酪需先在-20℃冷冻过夜，然后立即用粉碎机进行粉碎。称取5g混合均匀的待测样品（精确到0.1g），加入试剂盒所提供的提取液，按照试剂盒说明书进行提取，提取液即为待测液。

（2）定量检测。按照酶联免疫试剂盒所述操作步骤对待测试样（液）进行定量检测。

7.2.3.5 分析结果的表述

酶联免疫试剂盒定量检测的标准工作曲线绘制：根据标准品浓度与吸光度变化关系绘制标准工作曲线。

待测液浓度计算：将待测液吸光度代入所获得公式，计算得待测液浓度ρ。

结果计算：食品中黄曲霉毒素M1的含量按式（7-3）计算。

$$x = \frac{\rho \times V \times f}{m} \quad (7\text{-}3)$$

式中：x为食品中黄曲霉毒素M1的含量（μg/kg）；

ρ为待测液中黄曲霉毒素M1的浓度（μg/L）；

V为定容体积（针对乳粉、特殊膳食用食品、液态样品）或者提取液体积（针对奶酪）（L）；

f为稀释倍数；

m为样品取样量（kg）。

计算结果保留小数点后2位。

注：阳性样品需用同位素稀释液相色谱-串联质谱法或高效液相色谱法进一步确认。

7.2.3.6 精密度

在重复性条件下获得的两次独立测定结果的绝对差值不得超过算术平均值的20%。

7.2.3.7 其他

称取液态乳10g时，方法检出限为0.01μg/kg，定量限为0.03μg/kg。

称取乳粉和含乳特殊膳食用食品10g时，方法检出限为0.1μg/kg，定量限为0.3μg/kg。

称取奶酪5g时，方法检出限为0.02μg/kg，定量限为0.06μg/kg。

附录 A
AFT M1、AFT M2的标准浓度校准方法

用乙腈溶液配制8～10μg/mL的AFT M1、AFT M2的标准溶液。根据下面的方法，在最大吸收波段处测定溶液的吸光度，确定AFT M1、AFT M2的实际浓度。

用分光光度计在340～370nm处测定，经扣除溶剂的空白试剂本底，校正比色皿系统误差后，读取标准溶液的最大吸收波长（λmax）处吸光度值A。校准溶液实际浓度ρ按式（A.1）计算。

$$\rho = A \times M \frac{1\,000}{\varepsilon} \tag{A.1}$$

式中：ρ为校准测定的AFT M1、AFT M2的实际浓度（μg/mL）；

A为在λmax处测得的吸光度值；

M为AFT M1、AFT M2摩尔质量（g/mol）；

ε为AFT M1、AFT M2的吸光系数（m^2/mol）。

表A.1 AFT M1的摩尔质量及摩尔吸光系数

黄曲霉毒素名称	摩尔质量（g/mol）	溶剂	摩尔吸光系数（m^2/mol）
AFT M1	328	乙腈	19 000
AFT M2	330	乙腈	21 400

附录 B
免疫亲和柱的柱容量验证方法

B.1 柱容量验证

在30mL的PBS中加入300ng AFT M1标准储备液，充分混匀。分别取同一批次3根免疫亲和柱，每根柱的上样量为10mL。经上样、淋洗、洗脱，收集洗脱液，用氮气吹干至1mL，用初始流动相定容至10mL，用液相色谱仪分离测定AFT M1的含量。

结果判定：结果AFT M1≥80ng，为可使用商品。

B.2 柱回收率验证方法

在30mL的PBS中加入300ng AFT M1标准储备液，充分混匀。分别取同一批次3根免疫亲和柱，每根柱的上样量为10mL。经上样、淋洗、洗脱，收集洗脱液，用氮气吹干至1mL，用初始流动相定容至10mL，用液相色谱仪分离测定AFT M1的含量。

结果判定：结果AFT M1≥80ng，为可使用商品。

B.3 交叉反应率验证

在30mL的PBS中加入300ng AFT M2标准储备液，充分混匀。分别取同一批次3根免疫亲和柱，每根柱的上样量为10mL。经上样、淋洗、洗脱，收集洗脱液，用氮气吹干至1mL，用初始流动相定容至10mL，用液相色谱仪分离测定AFT M2的含量。

结果判定：结果AFT M2≥80ng，当需要同时测定AFT M1、AFT M2时使用的商品。

附录 C

液相色谱-质谱图和子离子扫描图

C.1　AFT M1子离子扫描图见图C.1。

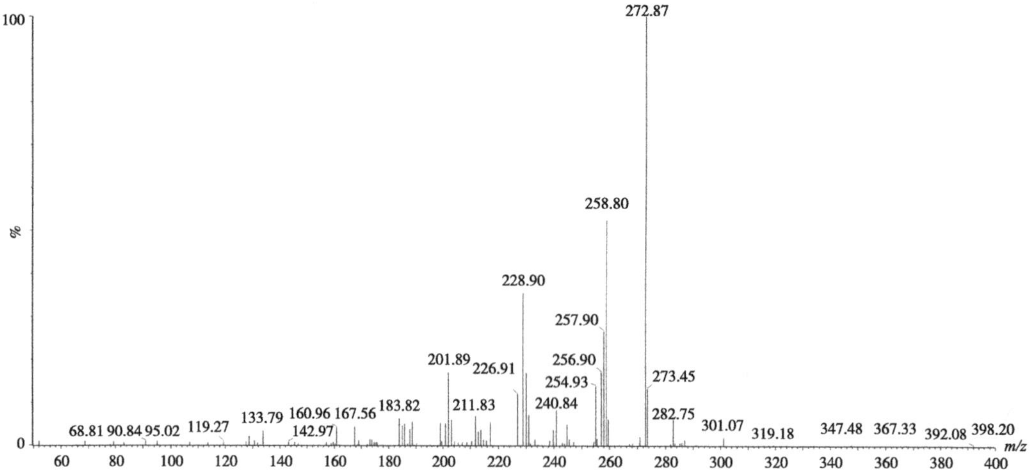

图C.1　AFT M1子离子扫描

C.2　AFT M2子离子扫描图见图C.2。

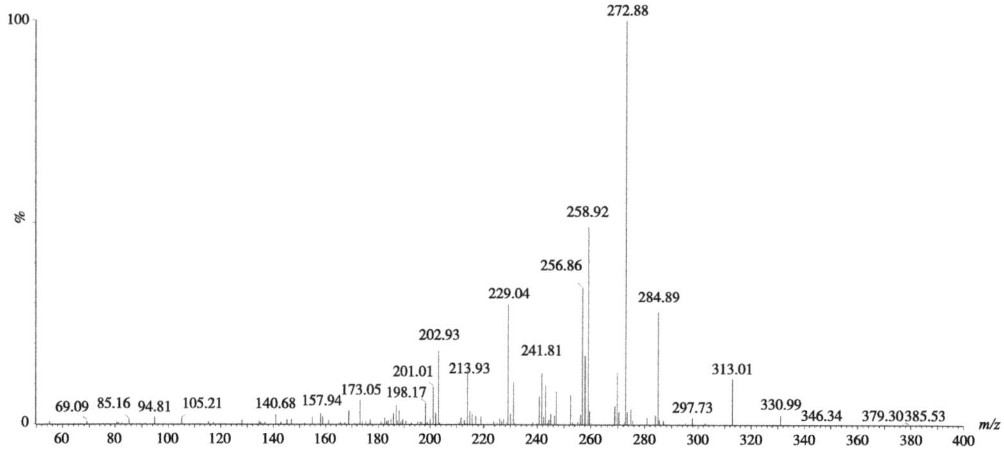

图C.2　AFT M2子离子扫描

C.3 ^{13}C17-AFT M1子离子扫描图见图C.3。

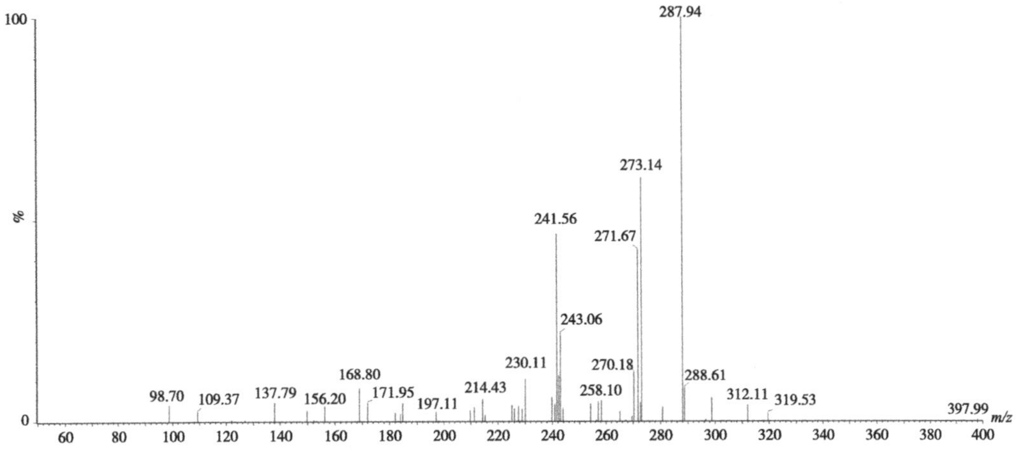

图C.3 ^{13}C17-AFT M1子离子扫描

C.4 AFT M1、AFT M2和^{13}C17-AFT M1液相色谱质谱图见图C.4。

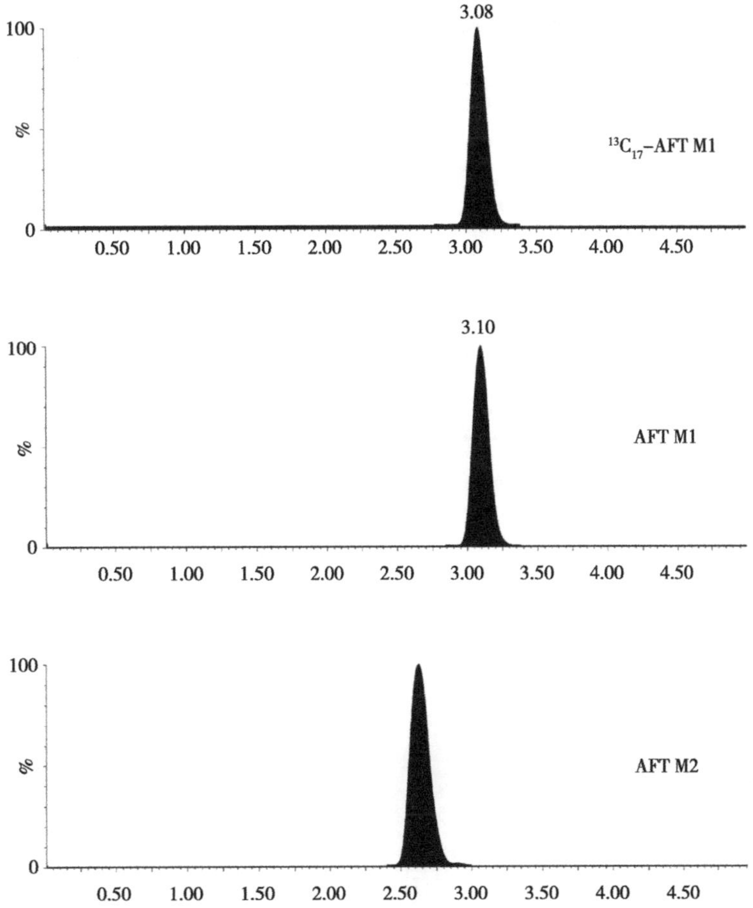

图C.4 AFT M1、AFT M2和^{13}C17-AFT M1液相色谱质谱

附录 D
液相色谱图

AFT M1 和AFT M2液相色谱图见图D.1。

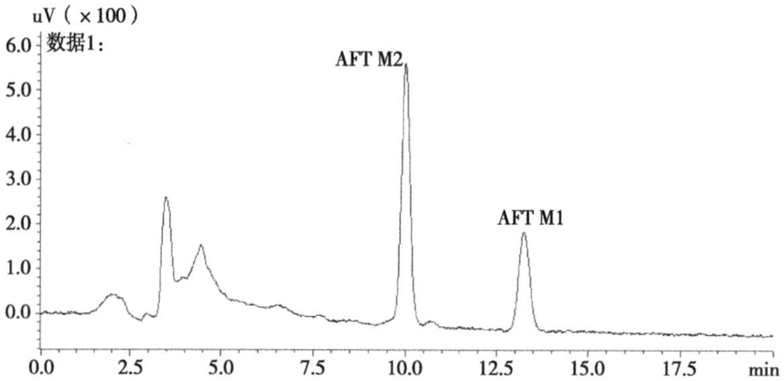

图D.1　AFT M1和AFT M2液相色谱

附录 E
酶联免疫试剂盒的质量判定方法

选取牛奶或其他阴性样品，根据所购酶联免疫试剂盒的检出限，在阴性基质中添加3个浓度水平的AFT M1标准溶液（0.1μg/kg、0.3μg/kg、0.5μg/kg）。按照说明书操作方法，用读数仪读数，做3次平行试验。针对每个加标浓度，回收率在50%～120%容许范围内的该批次产品方可使用。

主要参考文献

黄秀山，2013. 生鲜乳质量安全检测项目和方法[J]. 四川畜牧兽医，40（7）：35.

李梅，高杰，盛玉娟，等，2020. 生乳的质量安全及其影响因素分析[J]. 食品安全导刊（21）：67.

沈易霖，2020. 影响生乳质量的因素分析与防控措施[J]. 食品安全导刊（27）：103–105.

田西学，李宏，李胜，等，2016. 生鲜乳中危害因子与奶业质量安全分析[J]. 畜牧兽医杂志，35（1）：46–53.

许莉，李可强，2016. 乳品中可能含有的不安全物质及其快速检测方法[J]. 中国乳品工业，44（1）：38–43.

LIN H，SHAVEZIPUR M，YOUSEF A，et al.，2016. Prediction of growth of pseudomonas fluorescens in milk during storage under fluctuating temperature[J]. Journal of Dairy Science，99（3）：1822–1830.

MOOSAVY M H，KORDAS H H K，KHATIBI S A，et al.，2019. Assessment of the chemical adulteration and hygienic quality of raw cow milk in the northwest of Iran[J]. Quality Assurance and Safety of Crops & Foods，11（5）：491–498.

TORFS J，2012. Health impact assessment and monetary valuation of IQ loss in pre-school children due to lead exposure through locally produced food[J]. Science of the Total Environment，414：90–97.

VITHANAGE N R，DISSANAYAKE M，BOLGE G，et al.，2017. Microbiological quality of raw milk attributable to prolonged refrigeration conditions[J]. Journal of Dairy Research，84（1）：92–101.

WEBER M，GEISSERT J，KRUSE M，et al.，2014. Omparative analysis of bacterial community composition in bulk tank raw milk by culture-dependent and culture-Independent methods using the viability dye propidium monoazide[J]. Journal of Dairy Science，97（11）：6761–6776.